버건디 여행 사전

버건디 여행 사전

여행의 기억을 풍요롭게 하는 것들

초판 1쇄 인쇄 2019년 12월 10일
초판 1쇄 발행 2019년 12월 16일

지은이 임요희
펴낸이 정해종

펴낸곳 ㈜파람북
출판등록 2018년 4월 30일 제2018-000126호
주소 서울특별시 마포구 양화로 12길 8-9, 2층
전자우편 info@parambook.co.kr **인스타그램** @param.book
페이스북 www.facebook.com/parambook/ **네이버 포스트** m.post.naver.com/parambook
대표전화 (편집) 02-2038-2633 (마케팅) 070-4353-0561

ISBN 979-11-90052-16-0 03980
책값은 뒤표지에 있습니다.

이 도서의 국립중앙도서관 출판시도서목록(CIP)은 서지정보유통지원시스템 홈페이지(http://seoji.nl.go.kr)와 국가자료공동목록시스템(http://www.nl.go.kr/kolisnet)에서 이용하실 수 있습니다.(CIP 제어번호: CIP2019049512)

버건디 여행 사전

여행의 기억을 풍요롭게 하는 것들

임요희

파람북

prologue

특별한 곳으로 떠나기보다 가까운 특별함을 찾기

무엇을 보고 올 것인가. 여행을 떠나기 전 이 문장을 기억해 두지 않는다면 자칫 남들이 본 것만 보고, 남들이 먹는 것만 먹고, 남들이 사진 찍은 것만 담게 될 위험이 있다. 파리에 가서 에펠탑을 방문하고, 런던에 도착해 빅벤을 둘러보고, 프라하에 이르러 카를교를 건너는 식의 판에 박힌 여행은 어쩐지 내키지 않는다.

남들이 인정하는 명소를 방문하고, 미슐랭 스타 레스토랑을 찾아다니는 일이 나쁘다고 말하는 것이 아니다. 많은 사람이 버킷리스트라는 명목으로 여행을 소비한다. 관광과 유람을 통해 일상의 지루함에서 벗어나는 일은 퍽 고무적이라고 할 수 있다. 하지만 여행의 궁극적인 목적은 즐거움만이 아니다. 수많은 원초적인 즐거움을 놔두고 기꺼이 여행이라는 고생스러움을 감당하는 데는 이유가 있다.

인류의 조상에게 머무름은 곧 죽음이었다. 그들은 식량과 잠자리를 찾아 멀리 멀리 이동했다. 우리 유전자에는 유목의 기억이 새겨져 있다. 현대인은 자기 확장을 통해 복잡한 사회에 적응해 나간다. 낯선 외부를 편안하게 수용하는 만큼 생존 능력이 올라간다. 여행은 우리에게 다양성을 연습시킨다. 예상치 못한 외부와 타협하고 적응하는 과정에서 우리 내면은 '틈'을 얻는다. 그 틈이 우리를 성장시킨다.

장 그르니에는 『섬』에서 "여러 날 동안 바르셀로나에 머물면서 교회와 공원과 전람회를 구경하지만 그런 모든 것들로부터 남는 것이란 람블라산 호세의 풍성한 꽃향기뿐이다. 기껏 그 정도의 것을 위하여 구태여 여행을 할 가치가 있을까? 물론 있다"라고 말했다.

그의 말처럼 이름난 장소에 대한 기억은 생각보다 빨리 지워진다. 오히려 체에 거르고 남는 것이 여행의 기억을 풍요롭게 한다. 한 발 나아가 나만의 특별함을 구한다면 여행의 의미는 증폭된다. 설사 아무것도 얻지 못한다 해도 실패는 아니다. 남다름에 목말라하고 남다름을 찾아나서는 일 자체가 우리를 성숙시키기 때문이다.

돌아오기 위해 떠나는 것이 여행이라는 말을 하곤 한다. 반은 맞는 말이다. 빈손으로 돌아와서는 안 된다. 각성된 의식으로 돌아와야 한다. 떠날 때는 아이였으나 돌아올 때는 어른이어야 한다. 내 안의 낡은 사람은 여행지에 두고 와야 한다.

여행기자로 일하면서 소위 명소라고 하는 곳만 취재하다 보니 남다름에 목이 말랐다. 남들이 안 가본 곳, 남들이 안 찍은 것을 찍고 싶었다. 그러나 한정된 취재 일정 속에서 그것은 쉬운 일이 아니었다. 발상의 전환이 필요했다.

"특별한 곳으로 가는 게 아니라 가까운 곳에 있는 특별함을 찾아보면 어떨까."

그때 내 눈에 들어온 것이 버건디Burgundy였다. 화려한 건축에서 볼 수 없는, 웅장한 자연에서 찾을 수 없는 특별한 무언가가 버건디 컬러에 있었다. 언제부터인가 내 여행의 상당 부분은 버건디를 찾는 데 할애됐다. 조선의 궁궐을 방문하면 전각이나 누각보다 버건디를 먼저 보는 식이었다.

칙칙한 빨강을 일컫는 버건디는 자주색, 팥죽색이라고도 한다. 버건디는 프랑스어 '부르고뉴Bourgogne'에 어원을 두고 있다. 부르고뉴는 프랑스 북동부의 포도 산지로 보르도와 함께 프랑스 와인의 쌍두마차로 꼽힌다. 그런 이유라면 버건디를 와인색이라고 부르는 게 가장 적합할 것이다.

성서에서 와인은 예수의 피를 상징한다. 피는 생명이고, 곧 죽음이다. 반 고흐는 버건디로 도배된《아를의 밤의 카페》를 그렸다. 그는 동생 테오에게 보내는 편지에서 "나는 인간의 끔찍한 열정을 붉은색으로 표현하려 했다"고 말했다.

버건디는 인간 내면의 끔찍한 열정인 '광기'를 드러내는 색이다. 아름다우면서 끔찍한 색, 원초적이면서 세련된 색, 귀족스러우면서 신비로운 색, 원초적인 생명의 색이 버건디다.

잘못 입은 버건디는 촌스럽기 그지없다. 느낌이 진하기 때문이다. 다른 옷과의 매치가 간단하지 않다. 대상 속에 쉽게 녹아들지 못하는 까다로운 색이 버건디다. 그러나 데이비드 베컴이 차려입은 버건디 슈트는 그보다 섹시할 수 없다. 세계적인 명차들도 빠지지 않고 버건디 에디션을 선보인다. 버건디는 디자인 퀄리티가 바탕이 되었을 때 빛을 발하는 색이다.

보남파초노주빨, 일곱 빛깔 무지개 가운데 버건디 자리만 없는 이유가 뭘까. 굳이 자리를 찾자면 빨강과 보라 사이가 가장 적합할 것이다. 버건디는 무지개 뒤편, 보이지 않는 곳에 숨어 있을지도 모른다. 실체를 알 수 없는 색, 신만이 볼 수 있는 색, 희망 그 이상을 상상하게 하는 색이 버건디다. 누구에게도 닿지 않았으므로 버건디는 미지의 색이다.

결국 버건디를 찾아 떠나는 여행은 파랑새를 찾는 일만큼 무모한 여정이었다고 고백할 수밖에 없다. 누구도 '진짜 버건디'를 본 적이 없지 않은가. 나 역시 버건디를 모방한 버건디 비슷한 색 속에서 버건디의 느낌을 상상할 뿐이었다. 오히려 그랬기에 버건디는 나를 끊임없는 매혹 속으로 몰아넣었다.

이즈음에서 묻고 싶다. 당신은 무슨 색을 찾아 여행을 떠나는가. 여행지에서 무엇에 매료되는가. 무엇이 당신을 성장시키는가. 빨강인가, 파랑인가, 탑신인가, 등대인가, 수도원인가. 당신만의 여행법이 궁금하다.

버건디 여행을 떠나기까지 고마운 존재가 있다. 이미지 공유 사이트 '픽사베이'다. 버건디 여행을 떠날 수 있도록 영감을 주었고, 사진을 무료로 제공해주었다. 내가 찍은 것도 있고, 친구에게 얻은 것도 있지만 상당 부분 픽사베이에 빚을 졌다.

무료할 때마다 픽사베이를 뒤지면서 우리 사는 세상이 참 아름답다는 생각을 했다. 오래전 여행지에서 만난 장면을 다시 만날 땐 그곳이 그리워 남몰래 눈물을 찍어냈다. 나로선 결코 그렇게 못 찍을 훌륭한 버건디들에 감탄하면서.

2019년 겨울 문턱에서

임요희

Contents

맛

ㅂㅇ ㅂㅊ

ㅂㅋ ㅂㅌ

ㅂㅍ
ㅂㅎ

버건디 고무 대야: 세상 뜨거운 여행

버건디 '고무 다라이'는 내 생애 최초의 '탈것'이었다. 나는 일찌감치 버건디 고무로 만든 보트를 타고 망망대해로 출발했다. 엄마는 나의 편안한 크루즈 여행을 위해 뜨거운 물, 찬물을 번갈아 부으며 수온을 맞췄다. 어떻게 된 게 엄마가 맞춘 고무 대야 안의 물은 지나치게 뜨겁지 않으면 지나치게 차가웠다.

그때 그 고무 대야 속에서 어렴풋이 깨달아지는 게 있었다. 세상은 내가 원하지 않는 온도로 이루어져 있다는 사실. 때로는 뜨거움을 견디고, 때로는 차가움을 견디며 살아야 한다는 사실.

내 예감은 맞았다. 고무 대야 밖의 삶은 고무 대야 안보다 훨씬 강렬했다. 길에서 넘어져서 무릎에 피가 나기도 했고, 턱이 깨져서 흉터도 얻었다. 숙제를 안 했다고 매도 맞았다. 교내 마라톤대회에 나갔다가 죽다 살아났고, 수험생 시절에는 공부하느라 죽어났다. 대학 때는 사랑에 실패했고, 사회에 나와서는 돈 문제로 전전긍긍했다.

돌이켜보면 다 사소한 일들이다. 그러나 사소한 것들이 인생을 힘들게 한다면 그것은 진정으로 사소한 게 아니다. 모든 눈물

은 평등하다. 피부색이 다르다고 놀림받고 흘리는 초딩의 눈물이, 파산에 이른 어른의 눈물과 비교해 가볍다고만 말할 수 없다. 모두 자기 처지에 맞는 괴로움이 있을 뿐이다. 인간은 못 견딜 때 운다.

버건디 골목: 길 잃기는 길 읽기

술래잡기하며 놀던 아이들도 하나둘 집으로 돌아가고, 희미한 가로등의 위력에 의지하는 시간. 골목에는 음산한 기운이 감돈다. 나 어릴 적에는 날이 저물어 한 번 집으로 들어가면 다시 나오기 어려웠다. 지금처럼 산책로가 잘 갖춰져 있는 것도 아니고 가족끼리 치킨 먹으러 밖으로 나올 일도 없었으니까. 씻고, 저녁 먹고, 숙제를 하면 그날의 일과는 모두 끝나 잠자리에 들 시간이었다.

내 고향은 경기도 광명시. 서울 변두리가 그렇듯 꽤 번잡하고 어수선한 동네였다. 나는 상인들의 악다구니와 취객의 고함소리가 난무하는 시장 골목에서 자랐다. 성인이 된 후에는 부천 주택가, 군포 신도시 아파트 단지, 정릉 교수단지 등 비교적 조용한 환경에서 생활했는데 아이러니하게도 환경은 차분해졌지만 인생 자체는 매우 번잡해졌다.

누구나 마찬가지겠지만 나 역시 성인이 겪어야 할 여러 복잡한 문제에 시달렸다. 거주지를 자주 옮겨 다닌 것부터가 그랬다. 일부러 그런 것이 아니었다. 부모 품을 떠난 순간 인간은 삶이 이끄는 곳에서 살게 된다.

세월이 흐른 어느 날 이상한 기운에 끌려 어릴 적 살던 광명시 광명시장 뒷골목을 찾았다. 서른을 훌쩍 넘긴 나이, 밤이 이슥해 찾은 그날, 그 도시, 그 골목은 내가 한 번도 보지 못한 색조로 물들어 있었다. 붉은 기운에 압도된 골목은 어딘가 친숙하면서도 생전 처음 와본 것 같은 느낌이었다.

낮의 빛이 죽고, 붉은 불빛 속에 침잠해 있던 골목이 나와 무관한 곳처럼 느껴졌다. 내가 이곳에서 10년 가까이 살았다는 사실이 믿기지 않았다. 주택 다수가 빌라로 변해 있어서만은 아니었다. 따지고 보면 사람 사는 세상은 어디나 비슷하다. 낮은 집이 있고, 높은 건물이 있고, 좁은 골목이 있고, 넓은 대로가 있다. 나 살던 골목이 낯설었던 것은 골목이 변해서가 아니라 내가 변해서였다. 열 살짜리 계집애 머릿속에 든 세상과 중년 여자의 머릿속에 든 세상은 엄연히 다르니까. 누구든 각자의 골목에 살고 있다.

나는 여행지에서 자주 길을 잃는다. 사람 사는 골목들은 너무도 비슷하기 때문에 제자리로 돌아온다는 게 보통 어려운 일이 아니다. 거기가 거기 같다. 구불구불 이어진 골목을 따라가면 똑같이 생긴 골목이 나타나고, 다시 똑같이 생긴 골목이 나타난다.

그렇게 한 도시에서 자꾸 길을 잃다 보면 놀라운 일이 벌어진다. GPS의 도움 없이도 골목을 마음대로 누빌 수 있는 능력이 생긴다. 나만의 지도가 머릿속에 그려지면서 어디든 편하게 갈 수 있는 상태가 되는 것이다.

조선시대 지도학자 김정호는 한반도 방방곡곡을 두 발로 누비면서 퍼즐 맞추듯 산과 강, 마을, 길을 그려넣었다. 그가 작성한 지도는 현 위성으로 본 한반도 모습과 크게 다르지 않다. 수없이 길을 잃은 결과이리라. 전체를 상상하는 능력은 결국 경험에서 얻어진다. 횡으로 갔다가, 종으로 갔다가 원으로 돌았다가 하다 보면 큰 그림을 그릴 수 있게 된다.

현대 위인 중에 '길 잃기 타이틀'을 보유한 이가 있다. 바로 20세기 철학자 발터 베냐민Walter Benjamin이다. 『보들레르에 나타난 제2제정기의 파리』『일방통행로』『모스크바 일기』『아케이드 프로젝트』『1900년경 베를린의 유년 시절』『베를린 연대기』『문예이론』『독일 비애극의 원천』 같은 저작물 제목만 봐도 알 수 있듯 베냐민은 철학자면서 도시 여행가였다.

독일계 유대인이었던 그는 나치의 손아귀에서 벗어나기 위해 이리저리 도주하다가 제2차 세계대전 종전 직전, 안타깝게 자살로 생을 마감한다. 난세는 영웅을 얻기도 하지만 허무하게 천재를 잃기도 한다.

발터 베냐민의 통찰력은 누구도 넘어서지 못하는 것이었다. 마르크스가 "혁명은 세계사의 기관차"라고 말한 것에 대해 "혁명이란 이 기차를 타고 여행하는 인류가 비상 브레이크를 잡아당기는 것"이라고 반박한 이야기는 유명하다. 마르크스조차 망각했던 자본주의의 핵심 모순을 상기시킬 정도로 그는 뛰어난 이론가였다.

세계사를 꿰뚫는 놀라운 시각을 갖기까지 베냐민은 수없이 많은 길을 잃었다. 실제로 그는 타고난 길치였다. 지도 보는 법을 익히는 데 30년이나 걸렸다고 한다. 정말이지 여행에는 소질이 없는 타입이었다. 하지만 그에게는 약점을 강점으로 바꿔버리는 재주가 있었다. 그의 탁월한 '길 잃기 기술'은 『1900년경 베를린의 유년 시절』에 잘 나타나 있다.

"어떤 도시에서 길을 잘 모른다는 것은 별일이 아니다. 그러나 그곳에서 마치 숲에서 길을 잃듯이 헤매는 것은 훈련을 필요로 한다. 헤매는 사람에게 거리의 이름들이 마치 마른 잔가지들이 뚝 부러지는 소리처럼 들려오고, 움푹 패인 산의 분지처럼 시내의 골목들이 그에게 하루의 시간 변화를 분명히 알려줄 정도가 되어야 도시를 헤맨다고 말할 수 있다. 이러한 기술을 나는 늦게 배웠다."

_『1900년경 베를린의 유년시절/베를린 연대기』 (도서출판 길) 35쪽

그의 장인적 '길 잃기'는 궁극의 '길 읽기'였다. 길을 잃는다는 것은 많은 공간을 경험한다는 것이고 공간 경험은 전체를 가늠하는 능력을 선물한다.

베냐민의 마지막 여행지는 파리였다. 당시 파리는 도시 재건설이 완료된 상태로, 도시 유기체 이론에 따라 도로, 녹지, 도시 행정이 치밀하고도 정확하게 배치되었다. 이런 파리에서 길을 잃는다는 것은 베냐민에게 대단한 난관이었다. 웬만해서는 길을 잃기 힘든 곳이 파리였다. 그러나 베냐민이 누군가. 길 잃기의 천재 아닌가. 아니 길 읽기의 천재 아닌가. 그는 기술적 길 잃기에 도전했다.

발터 베냐민은 아페리티프Apéritif(식욕을 증진하기 위해 식사 전에 마시는 술) 시간인 오후 5시에서 6시 사이, 파리의 기차역과 기차역 사이를 배회했다. 고의적으로 도시의 미아가 되었다. 당시 파리에는 북역, 동역, 리옹역, 생라자르역, 몽파르나스역 등 19세기에 건설된 수많은 기차역이 있었다. 역과 역 사이는 도보로 한 시간 거리로 역만 거쳐도 파리의 심장부를 다 들르는 셈이었다.

베냐민은 파리를 "내 삶에 대한 통찰이 번개처럼 일종의 영감과도 같은 힘으로 나를 엄습했던" 장소라 칭했다. 이렇게 파리를 여행하면서 쓴 걸작이 『아케이드 프로젝트』다. 이 기나긴 작업이 이루어진 곳은 파리국립도서관이었다. 때 이른 죽음으로

미완으로 남았다는 게 안타까울 뿐이다.

베냐민을 오랫동안 연구해온 권용선 박사는 저서 『발터 베냐민의 공부법』에서 『아케이드 프로젝트』를 "베냐민 스스로 창안해낸 여행안내서, 아니 한 장의 지도"로 평가하고 있다. 발터 베냐민은 자신을 길 잃기 기술을 '좀 더 인간에 어울리는 미래를 선취'하는 일로 전환시킨 바, 『아케이드 프로젝트』에 적힌 그의 말을 그대로 옮기자면 "과거에 존재했던 것은 변증법적 전환, 각성적 의식이 돌연 출현하는 장이 되어야 한다"는 것이다.

변증법적 전환이란 과거의 약점을 보완하거나 고치는 게 아니라 약점이 강점이 되는 것을 말한다. 변증법은 사고의 전환, 시차적 관점이 관건이다.

결론적으로 여행이 그리 대단한 게 아니라는 이야기를 하고 싶다. 평생 자기 동네를 벗어나지 않고 살아온 사람도 자부심을 가질 수 있어야 한다. '머무르기'로서 변증법적 전환을 이뤄내야 한다. 해외에 한 번도 못 나갔다고? 변증법적으로 말해보자. 당신은 못 떠난 사람이 아니라 대한민국을 지킨 사람이다. 베냐민의 '길 잃기'가 '길 읽기'였던 것처럼.

버건디 그녀: 사랑은 언제나 눈물겨워라

그녀는 사랑에 빠졌다. 눈에서 꿀 떨어진다는 표현은 이럴 때 쓰는 게 아닐까. 저런 표정으로 남자를 바라볼 수 있다면 틀림없다. 두 사람은 연애한 지 6개월 안팎이다. 한창 뜨거울 때다. 사람에 따라 다르겠지만 6개월을 정점으로 얼굴의 광채는 점점 사라진다. "이렇게 사랑하는데 헤어진다는 게 말이 돼?" 말이 된다. 말이 된다는 것을 시간이 가르쳐준다.

젊었을 때는 두 부류다. 어떻게든 최고의 사랑을 만나겠다는 각오로 끊임없이 짝을 찾아헤매는 사람과 편하고도 안정적인 이성관계를 지향하는 사람. 그것도 풋풋한 시절의 이야기고, 혼인 적령기를 넘어서면 '대충 이 정도면 됐다' 싶은 사람에게 정착하기도 한다. 물론 표면적으로 그 혹은 그녀는 내 인생 최고의 사랑으로 공표된다.

내가 평생을 헤맨 끝에 내 사람이 된 상대는 누군가에게 버림받았던 사람이라는 걸, 내가 과거에 버렸던 그 사람은 누군가에게 지상 최고의 배필이 되어 보란 듯 살아간다는 사실을 묻어버린다.

여행지에서 남들 키스하는 모습을 몰래 촬영하는 이들이 더러 있다. 유럽에 다녀오면 이런 사진 한두 장쯤 담아 오는데 식상하다. 앨프리드 아이젠스타트가 《라이프》지에 실은 해군과 간호사의 〈종전의 키스〉 이후의 키스 사진은 그게 누구 것이라도 시시하다.

참고로 버건디 티셔츠를 입은 그녀의 사진은 픽사베이 베스트 컷이다. 사랑에 빠진 그녀의 표정은, 설사 연출된 것이라고 해도 몰래 찍은 키스 사진보다 아름답다.

버건디 글러브: 내 이름은 옥혜가 아니에요

버건디 글러브는 굴욕 그 자체였다. 2018년 첫 출장은 대망의 푸껫. 그해 엄청 추워서 따뜻한 나라로 날아갈 수 있다는 사실만으로 좋았다. 기대도 컸다. 에메랄드빛 바다, 이글거리는 태양, 망망대해를 떠다니는 흰 요트, 설탕가루처럼 고운 백사장을 상상하고 떠났다. 하지만 나를 기다리는 것은 오로지 무에타이 체험이었다.

그렇다. 푸껫 출장의 목적은 무에타이 체육관 '타이거짐'을 방문해 태국 무예 무에타이의 모든 것을 취재하는 것이었다. 무에타이 강습을 받는다고 하면 바로 스파링에 들어가는 줄 오해하기 쉬운데 그렇지 않다. 모든 스포츠가 그렇겠지만 무에타이 강습도 체력 단련과 기본동작 익히기가 바탕이 된다.

체육관 내부를 가볍게 뛰는 것으로 강습은 시작됐다. 처음 접하는 무에타이 강습에 한껏 들뜬 나는 "원투 스트레이트도 날려보고 니킥, 훅, 어퍼컷, 발차기, 블로킹 등의 기본기를 익히면서 스트레스를 한 방에 날려 보내세요!" 하는 식의 기사까지 생각해두었다.

그런데 직접 해보니 이 동작 익히기가 보통 고된 게 아니었다. 상체만 움직이는 권투와 달리 무에타이는 상체, 하체 전부를 사용한다. 칼로리 소비가 많은 것은 당연한 일. 웨이트트레이닝의 두 배에 달한다고 한다. 결국 체험 10분 만에 나는 완전히 떡실신하고 말았다.

깨달은 것이 있다면 운동을 통해 스트레스를 날리는 일은 아무나 할 수 있는 것이 아니라는 사실이다. 나 같은 약골 체질은 국내에서 한두 달 웨이트트레이닝으로 몸을 만든 후 무에타이 강습에 도전해야 했다.

태국관광청에서는 "한국 사람들이 태국에 많이 오는데 왜 무에타이를 배우지 않고 가는지 모르겠다"며 적극적인 취재를 부탁했다. 실제로 방콕의 무에타이 도장에는 외국인 강습자가 꽤 많았는데 한국인만 찾아볼 수 없었다.

기사를 여러 차례 냈지만 우리나라 여행객은 여전히 무에타이에 큰 관심을 보이지 않았다. 한국 여행자가 무에타이를 배우지 않는 데는 단순히 홍보 부족이라고만은 할 수 없는 복잡한 사정이 있다. 한두 달씩 머무르며 태국을 통째로 암기하려는 서양 여행자들과 달리 한국인들은 태국을 휴양지로 소비하는 경향이 있다. 고된 무술 강습에 흥미를 느끼지 못하는 것은 당연

했다. 체류 일수가 짧다는 것도 한계로 작용한다. 전통 무술까지 체험하기에는 시간이 모자란 것이다.

우리나라 여행자들의 태국 여행 패턴을 바꾸는 데는 크게 기여하지 못했지만 무에타이 강습은 내 인생의 소중한 경험으로 남았다. 왜 안 그렇겠는가. 태국인의 무도정신을 온몸으로 체험했는데. 태권도가 우리에게 그렇듯 무에타이는 태국인의 혼과 얼이 스며있는 스포츠다. 사진도 손이 떨려서 다 흔들려 나오고 고생이 이만저만 아니었지만 그것이 여행인 것이다.

그날 무에타이 체육관에서 가장 많이 들은 말이 "아 유 옥혜?Are you OK?"였다.

나는 큰소리로 대답했다. "아임 낫 옥혜!" 내 이름은 옥혜가 아니라고요!

버건디 기둥: 한 채의 궁궐은 소나무 숲의 현현이다

외국인은 우리가 생각하는 것보다 훨씬 우리나라 고궁을 아름답게 느낀다고 한다. 로마 판테온이나 독일 쾰른성당은 입이 떡 벌어질 만큼 웅장하다. 이걸 어떻게 지었나 싶다. 그에 비하면 우리 궁궐은 몇 년 걸려 뚝딱뚝딱 지어 올린 목조 건물에 불과할 수 있다.

그런데 궁궐을 바라보고 있으면 '조상의 얼이 살아 숨쉰다'는 말이 떠오른다. 찌를 듯 치솟은 기암괴석에도 압도되지만, 상대의 작은 눈빛 하나에도 꺾이는 게 인간이다. 외국인이 고궁에서 감지한 게 있다면 아마도 '한국인의 소울'이리라.

건축 소재와 관련해 돌이 흔했던 지역에서는 돌로 짓고, 삼림이 울창한 지역에서는 나무로 집을 짓는다. 그런데 유럽 건축의 주재료인 돌은 무겁다. 가옥 구조의 가로축인 보를 설치하기 어렵다. 자칫 건물의 무게를 이기지 못해 무너질 위험이 있다. 창이나 문을 내는 일 역시 간단하지 않다. 서양인은 이 문제를 아치 구조물로 해결했다. 전문용어를 사용하자면 아치는 인장 응력이 작용하지 않도록 구조화되어 있다. 위에서 누르는 힘을 분

산해서 떠받친다는 이야기다. 아치 구조가 가장 극명하게 드러난 건축물이 성당이다.

우리나라를 비롯한 동북아 지역에서는 목재를 이용해 집을 지었기 때문에 창이나 문을 내는 데 문제가 없다. 아치 같은 구조를 상상할 필요도 당연히 없다. 기둥만 세우면 되니까 가로축으로 건물을 무한정 늘릴 수 있었다.

조선시대 세도가들은 99칸 가옥을 지어 살았다. 99칸 가옥이란 방이 99개가 아니라 기둥과 기둥 사이 간격이 99개라는 말이다. 대략 1.5평마다 기둥을 세웠으니 방 하나가 4칸에서 12칸을 차지한다고 볼 때 99칸 가옥은 지금 기준으로 150평 안팎되겠다.

종묘는 가로로 굉장히 길다. 조선을 건국한 태조는 1394년 10월, 수도를 한양으로 옮기면서 종묘 건설을 서둘렀다. 종묘는 칸마다 왕의 위패를 모시도록 설계되었다. 왕들이 세상을 뜸에 따라 증축이 거듭됐는데 현재 종묘 영녕전과 정전의 묘실 수는 각각 16실과 19실이다. 조선 왕조가 지금까지 존속되었다면 어땠을까. 종묘는 종로통 전체를 아우르는 건축물이 됐을지도 모를 일이다.

우리나라 궁궐 기둥은 공통적으로 버건디다. 건물을 떠받치는 기둥이 검정색도 아니고 황금색도 아닌 버건디였던 이유는 무엇일까. 조선 왕조는 유교 원리에 입각해 건국의 기틀을 이룬 나라다. 유교의 근본원리가 '질서'라는 것은 주지의 사실. 공동체의 가장 작은 단위는 가족이고, 가족 내 질서는 아버지를 중심으로 확립된다. 아버지에게는 효도와 존경으로 권력을 지켜드려야 한다. 이런 가부장제 이념을 고스란히 국가로 옮긴 것이 임금님에 대한 인의예지신 개념이다.

한편 음양오행으로 대표되는 역학은 우주의 근본원리를 사람 사는 이치에 접목시킨 이론이다. 조선을 디자인한 정도전은 한양에 도읍을 정한 후 음양오행에 입각해 동서남북 방향으로 한양을 지키는 사대문을 두었다. 여기에 유교적 세계관을 덧입혀 각각의 문에 '인의예지'를 의미하는 글자를 부여했다. '흥인문, 돈의문, 숭례문, 숙정문'이 그것이다.

사대문 가운데 숭례문(남대문)의 규모가 가장 크고 웅장한 것은 이유가 있다. '숭례문'은 남쪽에 있고 붉은색이다. 고구려 고분벽화를 보면 네 방위마다 신이 있어 동쪽은 청룡(청색)이, 서쪽은 백호(흰색)가, 남쪽은 주작(붉은색)이, 북쪽은 현무(검은색)가 수호하고 있다. 붉은색은 남쪽이고 남쪽은 '예'를 뜻한다. '한 조각 붉은 마음' 즉, '일편단심'은 임금에 대한 신하의 한결같은 마음을 일컫는다. 조선은 임금에 대한 예가 질서의 근본인 나라였다. 궁궐 기둥을 버건디로 한 것은 '신하들이여, 한 조각 붉은 마음으로 임금께 충성을 다하자'는 뜻 되겠다.

하지만 궁궐을 바라보는 내 느낌은 조금 다르다. 조선시대 궁궐이나 전각을 보고 있으면 소나무가 떠오른다. 곧게 뻗어 나간 붉은 기둥 그리고 그 위에 푸른 잎을 넓게 드리운 한 그루의 소나무. 궁궐은 소나무 숲을 그대로 모방했다. 단순히 소나무를 목재로 사용한 게 아니라 형태를 그대로 옮겨 왔다는 뜻이다. 궁궐은 자연과 한 몸이 되고 싶었던 우리 조상의 정신이 그대로 반영된 건축물이다. 소나무는 죽어도 죽은 게 아니다.

...서울 4대 고궁인 경복궁과 창덕궁, 창경궁, 덕수궁은 입장료가 저렴하고 모두 근거리에 위치해 있어 한 코스로 둘러보기 좋다. 언어별 투어도 마련되어 있어 외국인에게도 추천할 만한 여행지다.

광화문 네거리에서 바로 만날 수 있는 경복궁(1395년 창건)은 조선조 최초의 궁궐이자 가장 규모가 큰 궁궐이다. 전형적인 배산임수의 지형에 북악산을 등지고 서 있어 누가 봐도 위풍당당한 모습이다. 경복궁의 정전인 근정전은 웅장한 전각에 넓은 조정이 펼쳐져 있어 국왕의 위엄과 조정의 권위를 고스란히 전달한다. 한마디로 '간지 나는' 건축물이라고 할 수 있다.

물에 비친 누각이 빼어나게 아름다운 경회루는 왕실 공식 연회장이었다. 이곳은 우리나라 궁궐 중 가장 커다란 지붕을 갖고 있다. 측면 길이가 30미터에 가까운데 건축공학적으로 이렇게 커다란 기와지붕을 떠받치는 게 쉬운 일이 아니다.

경복궁 내 정원인 향원정은 국왕이 휴식을 취하던 사적인 장소였다. 사각형의 연못 안에 자리 잡은 동그란 섬과 2층 정자가 굉장히 아기자기하고 예쁘다.

경복궁은 조선 왕실의 법궁이었지만 잦은 전란으로 성한 날이 없었다. 임진왜란이 일어난 해인 1592년에는 완전히 전소되어 270여 년 동안 이리, 여우 떼가 드나드는 풀숲으로 방치되어 있었다. 조선의 왕들이라고 경복궁을 재건하고 싶지 않았겠는가? 한 나라의 체면이 달린 일인데. 하지만 어느 왕, 어느 신하도 엄두를 못 냈다. 돈이 한두 푼 드는 일이 아니었기 때문이다. 조선 왕실은 경복궁을 놔두고 그 옆 창덕궁에서 정사를 돌봤다. 그렇게 창덕궁은 300년 가까이 조선의 실질적인 궁궐 역할을 떠맡았다.

조선 말기, 나라 체면이 이래선 안 된다며 흥선대원군이 경복궁 재건을 서둘렀다. 하지만 그의 무리한 경복궁 재건은 조선을 망하게

하는 한 원인이 됐다. 과도한 세금 징수로 백성들의 삶이 엄청나게 피폐해졌으니까. 우리나라가 일제 치하에 들어간 것은 국가 관료에 대한 백성의 불신이 한몫했다고 할 수 있다.

조선시대 실질적인 정궁이었던 창덕궁은 서울 4대 궁궐 중 유일하게 유네스코 세계문화유산에 등재되어 있다. 경복궁은 여전히 복원이 진행 중이지만 창덕궁은 당대 궁궐의 모습을 온전히 간직하고 있기 때문이다.

창덕궁은 질서정연한 구조의 경복궁과 달리 지형에 따라 전각을 배치했다. 창덕궁의 정전인 인정전, 임금의 침실인 대조전, 왕이 업무를 보던 희정당 외에 10만 3000여 평 규모의 창덕궁 후원 등 곳곳에 볼만한 곳이 많다. 특히 창덕궁 후원을 비원이라 부르는데 원래 왕족만 출입하던 왕실 전용 정원이었다. 이런 곳을 둘러본다는 것은 뜻깊은 일이다. 지금도 수목과 건축물을 보존하기 위해 인원수를 제한해 입장시키고 있다.

창덕궁 바로 옆에 붙어 있는 창경궁은 대비마마, 대왕 대비마마 등 왕실 어른들의 거처였다. 이곳은 숙종 때 장희빈이 사약을 받은 곳이자, 사도세자가 죽임을 당한 비운의 궁궐로 통한다.

역사적으로 슬픈 일이 많았던 데다가 일제가 우리 궁궐을 훼손하려는 목적으로 벚나무를 잔뜩 심고 동물원까지 지어서 사람들에게 개방하는 아픔을 겪기도 했다. 궁궐을 놀이공원으로 만들어 조선 왕조를 희롱하던 일본인들. 진즉에 철거해야 했음에도 창경원은 어쩐 일인지 상당히 오랜 기간 동물원으로 남아있었다.

나 어릴 적 '어린이날'이면 엄마 아빠 손을 잡고 창경원으로 코끼리를 보러 가곤 했다. 사람이 굉장히 많았고, 엄마 손을 놓칠까봐 전전긍긍했던 기억, 사진 찍을 때 눈을 안 감으려 애썼던 나, 코끼리가 너무 커서 깜짝 놀랐던 일들… 역사적 아픔과 별도로 어쩔 수 없이 창경원은 내게 추억의 장소가 되어버렸다.

버건디 기차 여행: 욕망이라는 이름의 전차

기차 여행은 욕망의 행로를 떠올리게 한다. 영화《욕망이라는 이름의 전차》는 말론 브란도를 스타로 만들어주었다. 한동안 할리우드에서는 배우 오디션 때마다 이 영화 속 말론 브란도 연기를 주문했다고 한다. 그만큼 그의 연기는 모범 답안으로 통했다.

《욕망이라는 이름의 전차》는 꾹꾹 눌러둔 욕망 때문에 신경쇠약에 걸린 여자와 그것을 꿰뚫어보는 짐승남의 이야기를 골자로 하고 있다. 남자는 여자의 위선이 못마땅한다. 그래서 난폭한 방법으로 여자의 욕망을 바깥으로 꺼낸다. 처음에는 저항했던 여자도 어느 순간부터 정신줄을 놔버린다.

욕망을 전차에 빗댄 테네시 윌리엄스의 혜안에 찬사를 보낸다. 달리는 기관차를 멈추기란 쉽지 않다. 산이 가로막아도, 물이 가로막아도 기차는 돌진한다. 이를 두고 볼프강 쉬벨부시 Wolfgang Schivelbusch는 "자연에 저항하여 자신을 관철시키는 힘"이라고 했다(『철도여행의 역사』, 궁리출판). 한 번 발동이 걸리면 멈출 줄 모르고 달리는 욕망. 그걸 세우고 붙들고 가두려면, 기차를 멈추는 것에 버금가는 어마어마한 에너지가 필요하다.

질 들뢰즈Gilles Deleuze와 펠릭스 과타리Félix Guattari는 '욕망기계'의 사용법에 대해 고찰한 철학자다. 여기서 욕망기계란 인간을 말한다. 인간의 신체는 인간의 욕망을 수행하는 기계다. 기계에게 자의란 없다. 약속된 신호와 스위치에 의해 작동될 뿐이다.

욕망을 추동하는 것은 무의식이다. 무의식은 철로 위의 기차처럼 정확하게 구조화되어 있어 결코 탈선하는 법이 없다. 만약 기차가 내 생각과 전혀 다른 엉뚱한 길로 가고 있다면 그것이 바로 기계의 길이기 때문이다.

누구든 '욕망이라는 이름의 전차' 한 대씩은 갖고 있다. 이 아이는 나이기도 하지만, 나보다 더한 나이기 때문에 잘 달래야 한다. 달리고 싶어할 때는 조금씩 달리게 해야 한다. 멈춰야 할 때는 속력을 줄일 시간을 주어야 한다. 마냥 세워만 두면 블랑쉬(비비안 리)처럼 정신을 놓아버리기 쉽고 또 마냥 풀어주면 스탠리(말론 브란도)처럼 짐승이 되어버린다.

둘은 서로를 경멸한다. 블랑쉬는 자신이 참는 것을 '저 새끼'는 하고 다니니 멸시의 눈초리를 보낼 수밖에 없다. 그녀의 관념으로 욕망기계를 함부로 작동시키는 것은 경박한 짓이니까.

스탠리는 '저 쌍년' 속에 든 게 뭔지 뻔히 아는데 혼자 고상한 척하고 다니니 역겨울 수밖에. "네가 어떤 년인지 깨닫게 해주

로또·토토
로또·토토
담배
용묘

겠어!" 하며 실제로도 발가벗겨버린다.

자본주의 역시 기계의 속성을 고스란히 지니고 있다. 혼자 미쳐 날뛰는 무지막지한 욕망기계 말이다. 현실 사회주의는 그 힘을 막지 못했다. 사회주의는 블랑쉬처럼 자본주의의 입을 틀어막고 억누르다 실패했다. 그렇다고 스탠리처럼 사람들을 강간하고 빼앗고 때리고 날뛰게 둘 수는 없는 일이다. 이것은 신자유주의 시대를 살아가는 우리들의 숙제다. 저 무지막지하고 무식한 기계, 자본주의를 어떻게 하면 잘 다룰 수 있는지.

『잃어버린 시간을 찾아서』를 쓴 프루스트는 책도 기계라고 했다. 우리가 스스로를 들여다볼 때 자신이 쓴 책을 광학기구로 사용해달라는 이야기 되겠다. 책에 대해 이보다 그럴듯한 정의를 나는 알지 못한다.

여행 이야기: 버건디 열차 타고 가는 '영동' 와인 투어

• • • '와인 열차' 하면 세계적으로 미국 샌프란시스코의 '나파밸리 와인 트레인'이 유명하지만 우리나라에도 와인 기차가 있다. 충북 영동은 내륙지방이면서도 비가 적은 데다 일조량이 많아서 국내에서 알아주는 포도 산지가 됐다. 이에 코레일에서 새마을열차를 개조해 영동국악와인열차 상품을 판매 중이다. 어느덧 와인 열차는 당일치기 기차여행 중 가장 인기있는 상품 가운데 하나가 됐다.

서울역에서 매주 토요일 오전 출발하는 와인 열차를 예약, 이용해도 좋지만 훌쩍 ITX-새마을호를 타고 영동으로 떠나도 좋다. 편도 운임이 2만 원대로 와인 열차 절반 가격에도 못 미친다. 보다 저렴하게 무궁화호로 떠나도 좋다. 운임비가 1만 원대다.

서울역에서 출발하는 영동행 ITX-새마을호는 하루 4편이다. 무궁화호는 전 열차가 영동에 정차한다. 우연이지만 ITX-새마을호는 버건디 컬러다. 서울역에서 영동역까지는 대략 2시간 15분 거리. 영동역에 도착한 뒤에는 영동을 대표하는 와이너리 '와인코리아'를 방문해보자.

와인코리아 가이드투어는 예약이 필요한데 시음을 포함해 참가

비가 5000원이다. 와인 족욕을 추가하고 싶으면 5000원을 더 내면 된다www.winekorea.kr. 이곳은 오크통 저장고가 큰 볼거리를 이룬다. 유럽 와인 저장고 못지않은 비주얼이다. 포도주 익어가는 소리가 귀에 들릴 듯하다.

영동 방문 기념으로 와인 한 병을 구매하는 것도 괜찮다. 와인코리아의 '샤토마니'는 우리 기술로 만든 브랜드다. '마니'를 보통 '많이'로 많이 오해하는데 마니산 기슭에서 수확한 와인이라는 의미다. 샤토마니 스위트 레드와인이 한 병에 2만 2000원인데, 테이블와인으로 손색없다.

아침의 도로는 미래를 향해 열려 있다. 운전 좀 하는 사람이라면 여명이 밝아오면서 촉촉하게 이슬을 머금은 도로가 버건디 빛으로 빛날 때 마음껏 액셀러레이터를 밟아보고 싶은 유혹에 휩싸일 것이다.

새벽 도로는 장소의 이동을 넘어 희망적인 미래로 달려가는 듯한 기분을 준다. 길은 사람을 만나게 해주고 풍경을 만나게 해주고 사건을 만나게 해준다. 사람 발길이 닿은 곳은 길이 되었고, 길을 따라 사람이 이동했고, 사람이 모이면서 마을이 생겼고, 마을이 있는 곳에는 또 도로가 놓였다. 나라마다 많은 도로가 있겠지만 모든 나라에는 1번 도로가 있다.

이탈리아의 1번 국도는 비아 아우렐리아SS1 Via Aurelia다. "모든 길은 로마로 통한다!" 이 유명한 말을 모르는 사람은 없으리라. 17세기 프랑스 시인 라퐁텐의 금언으로 시오노 나나미가 『로마인 이야기』 10권의 제목으로 차용하기도 했다.

비아 아우렐리아를 포함해 고대 로마제국은 수많은 도로를 건설했다. 로마 가도가 착공에 들어간 것은 기원전 312년. '아피아 가도'가 그 시초다. 로마 가도는 로마가 자국의 병력을 각지로 신속하게 이동시키기 위함이었는데 비슷한 시기, 중국에서도 국방 목적으로 대단위 토목사업을 벌였다. 기원전 214년 착공에 들어간 진시황의 만리장성이 그것이다.

성벽 축조와 도로 건설은 공법이 거의 같다고 한다. 그런데 왜 두 나라는 각기 다른 방식의 토목사업을 벌인 걸까. 시오노 나나미는 두 나라의 기질이 다르기 때문이라고 꼬집었다. 그리고 중국인의 만리장성과 로마인의 가도를 두고 이렇게 말했다.

> "방벽은 사람의 왕래를 차단하지만 가도는 사람의 왕래를 촉진한다."

로마 가도는 군사적 목적으로 개통됐지만, 세계와 교류하는 상업, 문화, 지식의 통로로 사용됐다. 로마 군병의 필수품이었던 와인용 포도도 이 길을 따라 재배됐다. 로마 가도는 와인 가도이기도 하다.

'아피아 가도'가 처음 등장한 이래 이탈리아반도 내에만 12개의 로마 가도가 생겼다. 이렇게 시작된 로마 가도는 유럽, 중동, 북아프리카를 아우르며 전 세계로 뻗어나갔다. 기원전 3세기부터 서기 2세기까지 로마인이 건설한 가도 길이만 8만 킬로미터에 달한다. 간선이 이 정도고 지선까지 합치면 더 길다.

최초의 가도인 아피아 가도를 두고 아우렐리아 가도가 1번 국도가 된 것은 12개 가도 중 8개를 둥글게 이어 순환도로 형태로 만들었기 때문이다. 로마를 둘러싸고 있는 순환도로를 시계 방향으로 돌 때 1번 국도인 아우렐리아 가도(로마에서 이탈리아-프랑스 국경)를 진입로로 잡은 것. 1번 국도는 2번 카시아 가도SS2 Via Cassia(로마에서 피렌체), 3번 플라미니아 가도SS3 Via Flaminia(로마에서 파노), 4번 살라리아 가도SS4 Via Salaria(로마에서 산베네데토 델 트론토), 5번 티부르티나 발레리아 가도SS5 Via Tiburtina Valeria(로마에서 페스카라까지), 6번 카실리나 가도SS6 Via Casilina(로마에서 카세르타까지), 7번 아피아 가도SS7 Via Appia(로마에서 브린디시), 8번 오스티엔세 가도SS 8 Via Ostiense(로마에서 오스티아)로 이어진다.

현대의 로마인은 자기네 조상이 2000년 전 돌로 만든 로마 가도에 아스팔트만 입혀서 국도로 사용 중이다. 재미있는 것은 고대 로마인은 100년을 내다보고 이 로마 가도를 건설했는데, 800년이 지나 이곳을 지나던 비잔틴제국 관리가 그때까지 이 도로가 완벽하게 유지된 것을 보고 놀랐다는 기록이 있다. 100년을 내다볼 수 있으면 1000년 가는 것은 문제가 아니다.

로마에서 이탈리아-프랑스 국경까지 이어지는 아우렐리아 가도, 즉 1번 국도SS1의 총 길이는 697킬로미터. 이 1번 국도는 다른 로마 가도와 마찬가지로 이탈리아반도 내에 머무르지 않고 국외로 뻗어 나가는데 남프랑스를 거쳐 스페인까지 이어진다. 아우렐리아 가도는 티레니아해의 절경을 감상하면서 드라이브할 수 있어 유럽에서 가장 아름다운 도로로 꼽힌다.

이탈리아에 SS1이 있다면 우리나라에는 이름 그대로 '1번 국도'가 있다. 우리나라는 도로번호를 매길 때, 종축 국도에는 홀수(1번, 3번, 5번, 7번 등)를, 횡축 국도에는 짝수(2번, 4번, 6번 등)를 붙였다.

대한민국 첫 번째 도로인 1번 국도는 한반도 가장 서쪽에 위치하는데, 전남 목포에서 북한 신의주까지 연결되어 있다. 휴전선이 그어지면서 지금은 경기 파주 판문점까지만 갈 수 있고 남한 구간만 총 496.05킬로미터를 연결한다. 목포에서 시작된 길은 광주, 전주, 논산을 거쳐 세종시를 통과한 후 천안을 찍고 평택, 수원, 안양, 광명을 거쳐 서울로 진입한다. 서울 내에서는 영등포, 은평구 지역을 통과하는데 마지막으로 경기도 고양, 파주에서 마무리된다.

1번 국도가 가장 서쪽에 있는 국도라고 해도 내륙에 자리하고 있어 바다 경치를 즐기지는 못한다. 1번 국도는 조선 시대부터 존재했던 목포-경성-의주 도로를 바탕으로 하는데 이건 굉장히 중요한 사실 하나를 말해준다. 서울과 부산을 잇는 경부고속도로가 우리나라 경제 근대화의 중심축을 담당하는 대동맥이었다면, 조선시대에는 곡창지대인 전남을 통과하는 목포와 서울을 잇는 도로가 경제의 중심이었다는 것.

목포에서 출발했던 이 곡식 도로는 경성, 의주를 아우르는 의주로와 연결된다. 의주로는 중국 사신이 드나들던 길로 중국 베이징까지 이어지기에 '연행로燕行路'라는 이름으로 불렸다.

이탈리아의 SS1이 이탈리아반도를 넘어 스페인까지 이어졌듯 장차 1번 국도는 세계로 진출하는 직접적인 통로가 될 것이다. 1번 국도의 중흥을 손꼽아 기다려보자. 참고로 서해안 비경을 감상하려면 국도가 아닌 '서해안고속도로'를 타야 한다.

이즈음에서 아시아 대륙을 하나로 연결하는 꿈의 도로 '아시안하이웨이1Asian Highway1'을 언급하지 않을 수 없다. 눈이 밝은 사람이라면 경부고속도로를 달리다가 AH1이라는 도로표지판을 보았을 것이다.

AH1은 유라시아 30여 개국을 일직선으로 연결하는 '아시아 1번 고속도로'를 말한다. 이 장대한 도로망의 육로 출발점이 부산이라는 사실은 신선한 충격이 아닐 수 없다. 아시안하이웨이1은 대한민국 부산에서 출발해 중국, 인도, 이란, 터키를 거쳐 포

르투갈 포르투에서 마무리된다. 아시안하이웨이1 프로젝트는 그동안 구상으로만 머무르다가 최근 중국이 관심을 보이면서 건설이 본격화됐다.

여러 국가의 길을 하나로 연결한다는 것은 단순히 도로를 까는 것만으로는 부족하다. 66개 노선, 14만 킬로미터에 달하는 거대한 도로망을 하나로 아우르는 도로표지판, 중앙분리대, 유도봉, 가드레일이 필요하다. 이걸 표준화한다는 게 간단한 일이 아니다. 놀라운 것은 2017년 5월 태국 방콕에서 열린 제7차 아시안하이웨이 당사국 실무그룹 회의에서 우리 정부가 제안한 'AH 도로안전시설 설계기준'이 UN의 새로운 국제규정으로 채택됐다는 사실이다.

하지만 여기에 하나의 걸림돌이 있다. 북한을 거치지 않고는 중국에서 우리나라로 들어올 수 없을 뿐더러 우리도 나갈 수 없다. 아시안하이웨이1은 북한의 적극적인 협조가 필요한 사업이다. 대통령도 기차로 떠나는 유럽 여행의 꿈을 피력했으니 드라이브로 떠나는 아시아 일주의 꿈도 기대해보기로 하자.

버건디 드레스: 속죄의 피로 순백의 트라우마를 덮다

버건디 드레스는 순백의 거짓을 걷어낸다. 여행은 즐겁지만 비행 시간은 지루하다. 밀폐된 공간에 열 시간 넘게 갇혀 있는 일은 수없이 반복해도 익숙해지지 않는 노동이다. 지루한 이 시간을 때우기 위해 보통 영화를 본다. 생각보다 최신영화가 많다.

폴 토머스 앤더슨 감독의 《팬텀 스레드Phantom Thread》를 만난 것은 싱가포르로 향하는 기내에서였다. 인천에서 싱가포르까지는 여섯 시간 거리인데 넉넉잡아 영화 두 편은 볼 수 있다. 안 본 영화를 찾다가 무심코 클릭했는데 점점 빠져들었다.

팬텀 스레드, 즉 '유령의 실'이라는 제목은 두 가지 의미를 함축하고 있다. 하나는 솔기가 보이지 않을 만큼 뛰어난 바느질 솜씨, 또 하나는 주인공이 드레스 안쪽 솔기에 박음질해둔 '저주받지 않았다Never cursed'라는 문구. 물론 팬텀 스레드를 남녀 간 보이지 않는 사랑의 줄다리기로 해석해도 좋다.

때는 1950년 런던. 주인공 레이놀즈(대니얼 데이 루이스다!)는 사교계 여성들 사이에서 최고의 디자이너로 통한다. '당신이 지은 옷 한 벌 입어보면 소원이 없겠다'는 여자가 줄을 섰다. 레이놀즈는 휴양차 고향에 들렀다가 식당에서 웨이트리스 알마(비키 크리프스)를 만나 예정대로 사랑에 빠진다. 바람둥이에게 있어 우연한 사랑은 없다. 바람둥이는 호시탐탐 사랑에 빠질 기회를 찾는데 식당에 가면 웨이트리스를 유혹하고, 백화점에 가면 점원을 꼬시는 식이다. 바람둥이에게 사랑은 디너의 '수프, 샐러드'처럼 예정된 코스라고 할 수 있다.

대신 바람둥이는 좀 더 많은 기회를 얻기 위해 사랑의 기간을 되도록 짧게 갖는다. 많은 여자를 상대하려면 한 여자 품에서 머뭇거려선 안 되니까. 우리의 인기남 레이놀즈도 예외가 아니다. 차가운 지성의 그에게 사랑은 영감을 불러일으키는 수단에 불과하다. 잘 데리고 놀다 싫증 나면 드레스 한 벌 줘서 보내버리는 식이다.

그러나 이번에 만난 알마라는 여자… 만만치 않다. '저를 정말 버리실 건가요' 같은 약자적 태도는 눈을 씻고 찾아봐도 없다. 알마는 레이놀즈의 싫증이 불안에서 온 것임을 직감한다. 그리고 그 불안이 소년 시절 자신을 버리고 떠나간 엄마에게서 기인했다는 것도 알게 된다. '주문' 받은 드레스에 숨겨 놓은 '주문'을 보았기 때문이다. '저주받지 않았다'는 이 문장은 그가 그동안 버림받은 인생, 저주받은 인생을 살고 있었다는 것을 강박적으로 보여준다. 결국 여자에게 버림받을 것이라는 불안이 레이놀즈로 하여금 여자를 먼저 버리게 만들었던 것.

알마는 레이놀즈를 유년으로 돌려보내기로 결심한다. 그의 엄마가 되어 '너는 버림받지 않는다'는 기억을 새로이 이식하기로 한 것이다. 알마는 레이놀즈를 아기처럼 약한 상태로 만들기 위해 독버섯이라는 위험한 방법을 선택한다. 독버섯을 먹은 레이놀즈는 죽음 직전의 상태까지 간다. 알마의 뜻대로 약한 것을 얻게 된 것이다. 독버섯은 건강을 잃게 하는 수단이 아니라 약함을 획득하는 수단이었다. 자, 이제 입장이 바뀌었다. 약자는 레이놀즈다. 다 죽어가는 사람을 버릴 수야 있나. 알마는 레이놀즈를 거두기로 한다.

이 영화에 대한 세간의 호평과 찬사, 비평은 인용하지 않겠다. 나는 천재 감독 폴 토머스 앤더슨의 색을 다루는 솜씨에 눈길이 갔다. 여주인공 비키 크리프스는 이 영화에서 수없이 많은 '버건디 옷'를 입는다.

영화의 첫 장면. 레이놀즈가 알마에게 '작업'을 거는 장면에서 입고 있던 웨이트리스복도, 알마가 레이놀즈의 피팅모델 일을 하면서 고객 앞에 처음 입고 나섰던 드레스도, 앤딩에 이르러 더 할 수 없이 약해진 레이놀즈를 보듬고 보살필 때 입었던 드레스

도 버건디다.

이 영화에서 버건디 드레스가 함의하는 것은 속죄가 아닐까. 다른 남자에게 시집가는 어머니에게 자기 손으로 순백의 드레스를 지어 입혔던 것, 이게 레이놀즈의 트라우마였다. 이때의 순백은 순결을 상징하지 않는다. 결혼이라는 형식 속의 위장된 순백일 뿐이다. 레이놀즈에게 흰색은 배반의 색으로 인식되었을 것이다.

알마의 버건디 드레스는 피에 젖은 드레스다. 예수가 피로서 인류를 대속했듯 알마의 버건디 드레스는 어머니를 대신해 아들에게 용서를 비는 드레스이며, 어머니를 원망하는 아들을 용서하는 드레스라고 할 수 있다.

버건디 롤러스케이트는 내 유년, 꿈의 탈것이었다. 초등학교 6학년 때 나 사는 동네에 '롤러장'이 생겼다. 널찍한 지하에 자리해 있었는데 어떻게 알았는지 동네 애들이 다 와 있었다. 난생처음 롤러스케이트란 것을 신었다. 처음이라 제대로 서 있지도 못했다. 계속 신으니까 점차 익숙해졌고 속도의 재미도 알게 됐다.

대형 스피커에서는 경쾌한 팝송이 흘러나오고 내 몸뚱어리는 한없이 가벼워져 투명한 공기의 저항을 제치고 앞으로 앞으로 씽씽 내달렸다. 앞사람의 허리를 잡고 달리는 기차놀이는 얼마나 재밌었는지. 정말 너무 재밌어서 까무러칠 정도였다.

롤러스케이트라고 하면 보통 쿼드Quad를 말한다. 빙상용 스케이트처럼 바퀴 네 개가 한 줄로 이어져 있는 건 인라인스케이트라 부른다. 쿼드는 신는 자동차다. 바퀴가 차체처럼 신발 바닥에 붙어있으니까.

중학교에 올라오니 학교에서 롤러장 출입을 원천적으로 막았다. 이상한 교칙이었다. 반발할 만도 했건만 어설픈 모범생이었던 나는 하라 하면 하고, 하지 마라 하면 안 했다. 한편 날라리로 분류되길 주저하지 않는 아이들은 조다쉬 청바지에, 빌리지 티셔츠를 입고, 연필로 아이라인을 그리고, 엄마 립스틱을 훔쳐 바르며 롤러장에 출입했다. 모범생 찌질이 가운데는 그런 아이들을 경멸하는 치도 있고 남몰래 부러워하는 치도 있었는데 어느 쪽이든 롤러스케이트 신을 엄두를 못 낸 건 사실이었다.

사실 롤러장만 놓고 보면 그리 문제되는 공간은 아니었다. 술을 파는 것도 아니고, 남녀가 부비부비하는 것도 아니었으니까. 오히려 롤러장은 활력과 힐링이 넘쳐나는 스포츠 액티비티 공간이 아닌가.

'날라리' 친구들이 들려준 롤러장은 환상 그 자체였다. 멋있게 생긴 DJ 오빠들이 댄스 음악을 틀어주는데 미끈하게 빠진 남자애들이 백스텝에 트리플플립, 트리플토룹 콤비네이션을 구사한다고 했다. 그러니까 선생님들이 걱정하는 바가 바로 그런 거였다. 멋진 남자가 있다는 것은 탈선 위험 지역이라는 뜻이었다.

롤러장의 진짜 매력은 음악에 있다. 마이마이에 이어폰을 꽂고 듣는 음악과 대형 스피커에서 쾅쾅 쏟아져 나와 온몸으로 스며드는 음악은 차원이 다르다. 전주만 들어도 근육 세포들이 꿈틀거리던 그때 그 음악들.

런던보이스의 〈런던 나이트〉, 아하의 〈테이크 온 미〉, 조이의

〈터치 바이 터치〉, 콘도 마사히코의 〈긴기라기니〉, 보니엠의 〈서니〉, 빌리지 피플의 〈YMCA〉, 유리스믹스의 〈스위트 드림스〉, 컬쳐클럽의 〈카마 카멜레온〉, 신디 로퍼의 〈걸 저스트 워너 해브 펀〉, 왁스가 〈오빠〉라는 이름으로 리메이크한 신디 로퍼의 〈쉬밥〉까지.

최근 수도권을 중심으로 복고감성을 표방하는 롤러장이 속속 개장 중이다. 육상 경기장을 연상시키는 타원형 트랙에 화려한 조명, 그래피티를 추가해 한층 업그레이드된 모습인데 타깃은 7080세대와 그 자녀들이라고 한다. 그 시절 불량 스포츠로 낙인 찍혔던 것이 이상하리만치 지금 롤러스케이트는 건전한 레저 스포츠의 대명사가 되었다.

버건디 룸: 남영동 대공분실과 다크투어

붉은 방은 부끄러운 우리 역사의 한 페이지다. 소설 「붉은 방」을 기억하는가. 2004년 이상문학상을 수상한 작품이다. 영화《1987》을 봤다면 이 작품을 이해하는 게 더 쉽다. 이 소설은 피해자인 오기섭과 가해자인 최달식의 서술이 교차하면서 이야기가 전개된다.

이 소설에서 주목할 것은 가해자 최달식이다. 한국전쟁 중 '빨갱이'에게 가족을 잃은 최달식은 그 끔찍한 기억으로 인해 공산당을 증오하는 사람이 된다. 정확하게 말하면 공산당으로 표면화된 악을 증오하는 것이다. 이러한 그의 생각은 기독교적 소명의식으로 확장된다. 최달식은 전적으로 악한 인간은 아니다. 아이들 학비와 자신의 노후문제를 고민하는 평범한 소시민일 뿐이다. 또한 악을 응징하겠다는 신념으로 자기 일을 묵묵히 해나가는 성실한 공무원이다.

여기서 한나 아렌트의 '악의 평범성'이 떠오르는 것은 우연이 아닐 것이다. 저명한 이론가이자 『예루살렘의 아이히만』의 저자인 한나 아렌트는 미국《뉴요커》지의 부탁으로 아돌프 아이히만의 재판 과정을 취재한다. 아이히만의 죄목은 유태인 학살죄. 법정에 선 아이히만은 자기의 무죄를 주장한다.

"나는 명령에 따랐을 뿐입니다. 유태인에게는 개인적으로 아무 감정이 없습니다."

실제로 그는 책임감 강한 사회인이자 자상한 가장이었다. 애매한 이야기다. 직장 생활의 요체가 그렇지 않던가. 주문, 생산, 거래, 실적으로 이어지는 프로세스에서 자유로울 수 없는 게 사회 생활이다. 상사가 하라면 해야 하고, 거래처가 해달라 하면 해내야 한다. 과연 어느 누가 아이히만에게 일방적으로 죄를 물을 수 있단 말인가.

나 역시 이 문제에서 자유롭지 않은 직장인이다. 음식 맛은 보지도 않고 맛집 기사를 쓰고, 아이슬란드에는 가보지도 않고 아이슬란드 기사를 쓴다. 내 기사 속에서 그 집은 최고의 맛집으로 변신하고, 내 기사 속에서 그 나라는 멋진 여행지로 둔갑한다. 내 기사를 읽고 모리셔스와 세이셸을 여행했다는 사람이 좀 되지만, 정작 나는 모리셔스나 세이셸 근처에 가보지도 않았다.

한나 아렌트는 아돌프 아이히만의 '사유 불능성'이 문제라고 말한다. 타인의 고통에 무감한 게 죄라는 것이다. 나치 정권에

동조했던 독일인이 전부 악인은 아니었을 것이다. 그들 역시 아이히만처럼 사유 불능의 병을 앓았을 뿐이다.

'정치인이 알아서 하겠지. 국익에 우선이 된다면 소수가 감수해야지. 나는 법만 잘 지키면 돼.'

악이 지니는 평범성의 바탕에는 이런 생각이 자리하고 있다. 생각하지 않고 살면 누구든 아이히만이 될 수 있다는 것. 내 손에 피를 안 묻힌다 해도 이런 안일한 생각을 가졌다면 죄인이다. 그것을 한나 아렌트가 상기시켜 주었다. 다행히 지금 독일인들은 참회의 마음을 갖고 살아간다.

그런 점에서 소설 「붉은 방」의 최달식과 영화 《1987》의 박 처장은 '악의 평범성'과는 거리가 있는 사람들이다. 아이히만은 본인 말대로 유태인에게 어떤 개인적인 감정도 없었다. 국부독재 치하에서 공권력을 휘두르던 대다수의 경찰, 전경, 안기부 직원 역시 민주인사에게 개인적인 원한은 없었을 것이다. 대부분 아이히만 같았을 것이라는 이야기다.

하지만 최달식과 박 처장은 다르다. 그들의 폭력적인 행동에는 원한과 복수심이 깔려 있다. 빨갱이를 악으로 단정지을 만한 충분한 근거들을 갖고 있었다. 이는 오히려 폭력적인 행동에 면

죄부가 될 만한 사안이다. 나는 그런 점에서 최달식, 박 처장 캐릭터에 어쩔 수 없는 불만을 갖고 있다. 그들은 좀 더 평범했어야 했다.

다크투어Dark Tour가 유행이다. 역사 교훈 여행. 부끄러운 역사를 교훈으로 삼기 위해 떠나는 여행이다. 폴란드에 홀로코스트가 있다면 서울에는 남영역 인근의 전 경찰청 치안본부 대공분실이 있다. 지금은 경찰청 인권센터로 용도가 바뀌었지만 당시에는 '해양연구소'라는 위장간판 아래 보안사범과 민주인사를 잡아들여 고문하던 곳이다.

영화 《1987》에서 87학번 연희가 삼촌을 찾으러 나선 곳도 이곳이었고, 소설 「붉은 방」에서 오기섭이 갇혀 있던 곳도 이곳이었다. 이근안이 김근태를 칠성판에 묶고 물고문과 전기고문을 가한 곳도 이곳이다. 박종철 열사가 고문받아 숨진 방도 이곳에 있다. 그가 숨을 거둔 대공분실 509호는 지금 시민에게 개방 중이다. 비록 유리창을 사이에 두고 건너다봐야 하지만 당시의 정황을 짐작하기에 충분하다. 주황색 타일에 둘러싸인 욕실이 가장 먼저 눈에 들어온다. 영화에서는 이 주황색 타일이 보다 음험하고 침침한 버건디 타일로 표현되었다.

붉은 방을 포함해 이 대공분실 건물은 불법 고문을 자행하기 위한 최적의 공간으로 설계되어 있다. 수용자는 이 건물 현관이 아닌 뒤쪽 쪽문으로 드나드는데 이 문을 열면 꼬불꼬불한 나선형의 철제 계단이 눈앞에 나타난다. 계단을 끝까지 오르면 취조실인 5층에 이른다.

방향 감각을 상실한 수용자가 정처 없이 끌려들어가 불구가 될 때까지 물 먹고 얻어맞고 전기고문을 당해도 누구도 알 수 없는 구조다. 치밀한 것은 방마다 문을 엇갈리게 배치해 다른 방에 누가 있는지 절대 들여다볼 수 없게 했다는 것이다. 방에 갇힌 사람은 타인의 비명소리만 들을 수 있을 뿐이다. 전등 스위치조차 취조실 밖에 설치되어 있다.

더욱 놀라운 것은 외관이다. 중세 고성을 연상케 하는 이 세련된 건물은 창의 가로 폭이 매우 좁다. 사람 머리조차 내밀 수 없게 되어 있다. 담벼락에는 의문의 철조망이 둘러쳐져 있다. 제아무리 파피용, 쇼생크 탈출의 주인공이라도 이곳을 벗어나는 건 불가능하다.

이 무시무시한 건물을 설계한 사람은 우리나라 건축계의 거장 김수근이다. 올림픽 주경기장, 워커힐 힐탑 바, 경동교회, 공간 사옥 등을 설계한 그 사람 말이다. 김수근은 박종철 고문치사 사건이 있기 바로 전 해인 1986년, 병으로 세상을 뜬다. 자신이 만든 거대한 고문기구가 자신의 대학 후배인 박종철을 죽이는

것을 보지 못했을 뿐더러 세월이 흘러 그 철옹성이 인권센터로 전환되는 것도 보지 못했다. 그에게 해명 기회를 준다면 그는 뭐라고 말할까. 가상 인터뷰를 해보았다.

"왜 선생님은 이런 무시무시한 건물을 지었습니까? 무고한 생명을 죽이고 인권을 유린하는 피의 현장을 목도하는 기분이 어떻습니까?"

"제가 인권을 유린해요? 사실은 그 반대입니다. 저는 인권유린을 자행하는 공산 세력을 징벌하고 제거하는 데 약간의 힘을 보탰을 뿐입니다. 이 건물은 처음부터 인권 옹호를 목적으로 건설된 인권센터입니다."

그가 이렇게 나온다면? 전술한 바와 같이 세계 이성의 충직한 하인으로서 주어진 일을 묵묵히 해나갈 뿐, 사견은 없다는 식의 논리는 정치 세력이 정적을 살상할 때 합당한 구실이 되어주었다. 생명존중을 넘어서는 가치는 없다. 제아무리 위대한 대의라 해도 구체적 인간에 대한 배려 없이는 보편의 동의를 얻을 수 없다.

여행 이야기: 다크투어 여행지 남산

... 남영역에서 멀지 않은 곳에 또 하나의 다크투어 여행지가 있다. 명동역에서 남산초등학교 쪽으로 올라오다 보면 서울애니메이션센터가 나타난다. 1910년부터 1926년까지 조선총독부가 있던 곳이다. 리라초등학교 옆 아동복지시설인 '남산원'은 러일전쟁의 영웅 '노기 마레스케'를 기리는 노기신사 자리였다. 인근 숭의여자대학교에는 경성부 중심 신사였던 경성신사가 있었었다.

신사의 최고봉은 남산 일대 13만여 평 부지를 아우르는 조선 신궁이다. 메이지 일왕과 일왕가의 시조신인 아마테라스를 제신으로 모시는 곳으로 다양한 진입로를 갖고 있었다. 백범광장과 남산도서관 쪽에서 올라가는 서쪽 도로, 숭의여자대학교 쪽에서 올라가는 동쪽 도로가 그것이다. 얼마나 광대한 규모였는지 짐작하고도 남음이 있다.

전국 사대부 양반가 한옥을 한 자리에 재현한 남산골한옥마을은 조선헌병대사령부가 있었던 곳이다. 일본헌병대는 1896년 1월, 을미사변이 일어나자 조선 의병을 감시하기 위해 이곳에 헌병대사령부를 배치했다.

현대사에 길이 남을 아픔의 장소도 남산 일대에 있다. 남영동에 경찰청 산하 대공분실이 있었다면 현 남산 '문학의 집' 자리에는 중앙정보부가 존재했다. 이 자리는 그전에는 일본군 관사 터이기도 했다. 중앙정보부 '중정6국'은 군부독재 시절 공포정치의 대명사로 통했다. 1980년 국가안전기획부로 명칭이 바뀐 뒤에도 이 건물 지하에서는 민주화 운동가에 대한 고문과 취조가 자행됐다.

남영동이 고문수사를 위해 치밀하게 조직된 공간이었다면 중정6국은 책상 2개에 철봉 하나가 전부인 허접한 공간이었다. 이 철봉은 운동기구가 아니었다. 소위 '통닭구이' 고문에 이용됐던 고문기구였다. 대표적으로 인혁당 사건 희생자들이 이곳에 끌려와 모진 고문을 당했다. 이처럼 남산은 국치의 기억이 잠자고 있는 곳이면서 인권 유린의 아픔이 서려 있는 곳이다.

그리고 한 곳 더, 아직은 개방되지 않았지만 후암동 용산기지 역시 언젠가 다크투어리즘 여행지가 되지 않을까 싶다.

ㅂㅁ
ㅂㅅ

버건디 맥주: 고전과 캐주얼을 한 잔에

버건디 맥주 '플랜더스 레드에일'은 와인이 아니면서 와인 색이고, 와인 맛이 난다. 플랜더스가 어디 있는지는 몰라도, 화가를 꿈꾸는 소년 네로와 그의 개 파트라슈의 우정을 그린 만화 영화 《플랜더스의 개》를 모르는 사람은 많지 않으리라. 플랜더스는 《플랜더스의 개》의 무대로, 벨기에 북부지방 플랑드르Flandre를 영어로 이르는 말이다.

프랑스가 와인의 나라라면 벨기에는 맥주의 나라다. 람빅, 뒤벨, 레페, 호가든, 스텔라 아르투와… 이름만 들어도 고개가 끄덕여지는 유명 맥주들이 벨기에에서 생산된다. 최근 이들의 아성을 누를 만큼 매력적인 벨기에 맥주가 한국 맥주 시장에 인상적인 존재감을 선보이고 있다. 플랜더스 레드에일로 분류되는 뒤체스 드 부르고뉴Duchesse de Bourgogne가 그 주인공이다.

벨기에 맥주는 브랜드마다 고유한 잔이 있다. 와인잔처럼 생긴 전용 잔에 뒤체스 드 부르고뉴를 따라주면 다들 이게 맥주가 맞냐고 되묻는다. 스파클링 레드와인 아니냐는 것이다. 포도주에 홍초를 섞은 맛이 나는데 우리가 생각하는 그런 맥주 맛이 아닌 것은 확실하다. 뭐랄까 상큼하면서 매력적이다.

맥주 이름 '뒤체스 드 부르고뉴'는 직역하면 '부르고뉴의 공작부인'이다. 와인 이미지를 부여하기 위한 작명이 아닐까 싶은데 맥주 레이블에 그려진 여인이 바로 그 공작 부인이다. 이름은 마리. 부르고뉴의 마지막 통치자였던 용담공 샤를의 딸이었다. 후에 신성로마제국의 막시밀리안1세와 결혼하는데 안타깝게 낙마 사고로 비명횡사하고 만다.

맥주가 크게 라거, 에일로 분류된다는 건 주지의 사실. 『맥주상식사전』의 저자 멜리사 콜은 여기에 와일드에일을 추가해 맥주를 세 가지로 분류한다. 그녀는 하면발효, 상면발효 식의 표기를 부정하는데 라거는 낮은 온도에서 오랜 기간 발효하기 때문에 하면발효라는 용어 대신 저온발효맥주라고 해야 옳고, 에일은 높은 온도에서 짧게 발효하므로 고온발효맥주라고 해야 옳다는 것이다. 효모 성질에 따라 위로 뜨는 게 있고, 가라앉는 게 있을 뿐 발효는 맥주통 전체에서 일어난다는 게 그녀의 주장이다. 그녀의 말은 제법 일리 있다.

한편 와일드에일은 고온발효지만 통상적인 에일 효모를 사용하지 않는다. 공기 중에 떠다니는 야생 효모와 유산균을 이용하는 게 와일드에일이다. 특히 유산균은 이 술의 톡 쏘는 신맛을 담당한다. 유산균 발효유(요구르트) 특유의 신맛을 떠올리면 쉽게 이해가 가능하다.

벨기에의 람빅과 플랜더스 레드에일이 와일드에일을 대표하는 맥주다. 람빅도 비슷한 맛이 나지만 플랜더스 레드에일은 처음 먹어본 사람들이 와인으로 착각할 만큼 맛이 오묘하다. 신맛은 그렇다 치고 어떻게 이 맥주는 와인 한 방울 타지 않았는데도 붉은색을 띠게 된 걸까. 그 비밀은 바로 몰트[Malt]에 있다. 우리가 고추장을 만들 때 사용하는 엿기름이 바로 몰트인데 하얀 것부터 빨간 것, 까만 것까지 종류가 다양하다. 뒤체스에 들어가는 비엔나 몰트가 버건디 색을 낸다.

서울 시내 레스토랑에서 뒤체스 드 부르고뉴를 주문하니 330밀리리터 한 병이 1만 3000원이다. 마트에서는 9600원에 살 수 있는데, 보졸레 누보 와인과 맞먹는 가격이다. 도수는 6.2퍼센트로 일반 막걸리 수준이다. 뒤체스의 값이 이렇게 비싼 것은 맥주를 숙성하는 데 상당히 오랜 시간이 필요하기 때문이다. 한마디로 세월 값이다. 세월에 비례해 투여되는 노동력의 값이기도 하다.

플랜더스 레드에일은 오랜 시간 발효하기 때문에 상하지 않도록 각별히 신경써야 하는데 이때 묵은 홉을 사용한다. 맥주의 재료 중 하나인 홉은 솔방울처럼 생긴 나무 열매로 원래는 맥주의 쓴맛을 담당한다. 그런데 이 홉을 묵히면 쓴맛은 감소하고 방부제 성분이 증가하게 된다. 뒤체스 드 부르고뉴는 신선한 홉 대신 묵은 홉을 사용함으로 쓴맛은 죽이고 자연 상태에서의 보존력을 키웠다.

무엇보다 뒤체스가 선보이는 오묘한 맛의 비밀은 8개월간 숙성시킨 젊은 맥주와 2년 이상 묵은 늙은 맥주를 적절하게 혼합한 것에 있다. 새것의 날카로움과 묵은 것의 은은함이 뒤섞이면서 말로 형용하기 힘든 복잡미묘한 향을 내는 것이다. 사람도 그렇지 않은가. 노인이 젊은이의 전유물이라 할 수 있는 톡톡 튀는 감각을 갖고 있거나, 젊은 사람이 노인의 사려 깊음을 지녔을 때 멋진 작품이 탄생한다.

버건디 모래시계: 팬시 계의 토마손

모래시계는 이쁘지만 쓸데없는 물건이다. 해시계, 물시계, 모래시계가 다 비슷할 것이라고 생각하는가. 모래시계는 기본적으로 나머지 두 개와 성격이 다르다. 해시계와 물시계가 '시각'을 알려주는 것에 반해 모래시계는 '시간'의 경과를 알려준다. 시각과 시간은 다른 개념이다.

알람 달린 타이머가 개발되면서 모래시계는 실질적인 쓸모를 잃었다. 그런데도 여전히 우리 주변에서는 모래시계가 자주 눈에 띈다. 예쁘기 때문에 살아남은 게 아닐까. 여성의 보디라인을 닮은 모래시계를 보고 있으면 '세상에는 참 쓸데없이 아름다운 물건이 다 있구나' 싶다. 좁은 구멍을 통과해 스르르 빠져나가는 시간을 쳐다보고 있으면 나도 모르게 손끝의 힘이 스르르 풀리고 만다. 구멍을 빠져나간 시간은 실제로는 심연 속으로 사라지지만 모래시계 안에서 다시 살아나 10분, 20분, 30분 같은 세트 개념의 시간을 새로이 재단한다.

과거에는 3분짜리부터 4시간짜리까지, 배의 속력을 측정하기 위한 14초, 28초짜리 모래시계가 있었다고 하며, 최근에는 달걀 삶기용, 사우나용, 컵라면용 모래시계가 팬시 상품으로 팔려 나간다.

강릉 정동진 해변에 있는 밀레니엄 모래시계는 1년치 시간을 잰다. 1년이 지나면 이 시계는 반대로 뒤집어지면서 그해 연말을 향해 모래를 떨어뜨리기 시작한다. 모래시계 속 모래는 점점 소멸되는데 사라지는 게 아니라 시계 하부에 쌓인다. 시간을 눈으로 볼 수 있다는 사실은 시간이 단지 다른 공간으로 이동했을 뿐이라는 안도감을 준다.

시간과 중력의 조합은 아인슈타인의 일반상대성이론을 떠올리게 한다. 중력의 영향으로 시간과 공간이 휜다. 인간이 자신의 한계를 넘어서는 고통을 억지로 견딜 때 그가 위대한 승자로 우뚝 서느냐 하면 그건 아니다. 대부분 고통의 중력을 이기지 못하고 육체와 정신이 휘어지고 만다.

폴 발레리Paul Valery는 이런 현상과 관련해 "생각하면서 살지 않으면 사는 대로 생각하게 된다"고 말했다. 신은 인간이 견딜 만한 고통을 준다고 하지만 사실 우리의 정신과 육체는 이런저런 고통들로 조금씩 무너져 내린다. 나이가 들면 눈이 흐려지고, 판단력이 흔들리고, 작은 일에 낙심하거나 지나치게 우쭐한다. 어쭙잖은 경험은 편견이 되고 도덕의 기준이 되어버린다.

한 번 자기 기준이 설정되면 그것에 부합하지 못하는 타인은 미숙한 인간으로 분류해버린다. 그리고 미숙하다고 판단되는 인간은 여지없이 깔아뭉갠다. 이런 자기기만적인 사람을 '꼰대'라고 한다. 꼰대 감성은 타인보다 자신에게 더 해롭다. 자기 생각만 옳고, 남들은 틀렸는데 세상이 멀쩡히 잘 돌아가니 남은 생을 울화 속에서 지내게 된다.

도식만 놓고 보면 모래시계는 특수상대성이론에 가깝다. 일반상대성이론은 그물에 걸린 공 모양의 도식을 띠지만 특수상대성이론은 민코프스키 공간 도식에 따라 공간과 시간이 교차하는 4차원 도식으로 표현된다. 특수상대성이론에서는 광속을 통해 질량과 에너지를 관계 짓는다.

모래시계는 아인슈타인의 특수상대성이론을 잘 기술하는 수학적 공간이다. 시간과 공간의 접점에 서 있는 현재의 나는 하나의 점으로 표시된다. 넓게 퍼져 있던 과거의 빛은 하나의 점으로 응축되어 나를 통과하고 나를 통과한 빛은 미래를 향해 무한 확장된다. 시간은 사라지지만 사라지지 않는다. 끝이 시작이고 시작이 끝인 네버엔딩의 작업.

모래시계를 처음 고안한 사람은 8세기 프랑스의 성직자 라우

트프랑Route French이다. 그는 해시계와 물시계의 단점을 개선하기 위해 모래시계를 생각해냈다. 모래는 표면장력이 제로라 물에 비해 정확도가 높다. 모래시계는 중력만 있다면 빛과 물이 없는 암흑 행성에서도 쓸 수 있는 물건이다.

상품성 없는 물건의 극단은 일본 사람들이 열광하는 진도구珍道具일 것이다. 진도구는 상업자본주의를 비웃는 유쾌한 물건으로 누가 봐도 말이 안 되는 도구들이다. 파티에서 포도주잔을 받치기 위한 개인용 턱받이, 조미료통에 달린 젓가락, (콧물감기 환자를 위한) 머리에 쓰는 휴지걸이, 선풍기 달린 안경 같은 것들. 진도구는 기발한 상품들로 실제로 쓸모는 있지만 아름답지 않다.

진도구와 정반대되는 개념으로 토마손トマソン이 있다. 기대 이하로 성적이 부진했던 요미우리 자이언츠의 전 타자 '게리 토마손'에서 따온 명칭이다. 토마손은 아름답지만 쓸모없는 건축장치를 뜻한다. 갑작스러운 설계 변경으로 도중에 공사가 중단된 것들이 토마손으로 자리 잡는다. 중간에 끊어진 돌출계단, 허공으로 통하는 비상구, 벽으로 난 계단 같은 것들. 무용지물은 바로 그 소용없음으로 인해 보는 이의 마음을 애잔하게 흔든다. 필요를 잃는 즉시 폐기 처분되는 자본주의 세계에서 숨구멍이 되어주는 것이다.

팬시 계의 토마손이 모래시계다. 유리와 모래, 중력 삼박자가 어우러지는 모래시계는 상당히 아름답다. 쓸모가 없어서 그렇지.

소는 우리의 선생이다. 소를 반추동물이라고 한다. 반추란 글자 그대로 되새긴다는 뜻이다. 소는 기회가 있을 때 잔뜩 먹어 두었다가 여유 있을 때 다시 꺼내 천천히 씹는다. 소의 위는 네 개. 풀이 지나는 순서대로 양(혹위), 벌집위, 천엽(겹주름위), 막창(주름위)이라고 부른다. 양이나 막창 요리를 먹을 때 아는 척하려고 나는 '양벌천막'이라고 외워두었다.

소가 풀을 씹으면 제1위인 양에 바로바로 쌓이는데 이곳에서는 소화 효소 없이 침과 유산균만으로 풀이 숙성된다. 말하자면 창고다. 어느 정도 시간이 지나면 풀은 제2위인 벌집위로 넘어간다. 여기서 풀들은 덩어리로 둥글게 뭉쳐지는데 이걸 커드Curd라고 한다. 소가 되새김질을 하는 것은 바로 이 시점이다. 소는 벌집위에 있는 커드를 게워내 치아로 충분히 씹어준다.

이렇게 되새김질한 먹이는 양(창고)과 벌집위(반죽 공장)를 슥 지나 천엽으로 옮겨진다. 제3위에 해당하는 천엽은 '천 개의 잎사귀'라는 뜻이다. 잘못 보면 너덜너덜한 헝겊처럼 보이는데 생긴 것은 그래도 맛은 좋다. 생간과 날천엽은 포장마차 인기 안주다.

천엽에 있는 수많은 주름은 풀을 잘게 분해하는 역할을 한다. 천엽에서 잘게 부수어진 풀은 마지막으로 막창에 도달한다. 막창, 즉 주름위는 소의 마지막 위이자 유일하게 소화액이 분비되는 위장이다. 막창이야말로 진짜 위라고 할 수 있다. 막창에 이를 때쯤 풀들은 부드러운 죽이 되어 있다. 참으로 긴 여정을 통해 이룩된 부드러움이다.

소가 풀을 되새김질하는 반추동물이라면, 인간은 생각을 되새김질하는 반추동물이다. 소의 양식이 풀이라면, 인간의 양식은 경험이다. 소가 무의식 중에 들판의 풀을 뜯듯 인간도 무의식 중에 다양한 경험을 한다. 경험은 인간의 양식이라 할 만큼 귀중한 것으로 삶 속의 실수를 줄여주고 세상을 알게 해준다. 그런데 인간 어른은 왜 그토록 많은 경험을 했음에도 고리타분한 꼰대로 전락하고 마는 것일까.

그것은 풀이 모자라서가 아니라 반추를 안 했기 때문이다. 되새김질을 안 했기 때문이다. 자기 경험을 그대로 믿어버리는 것만큼 위험한 것은 없다. 되새김질을 안 하면 생각이 뻣뻣해진다. 어느 시점에 소가 풀을 게워내 다시 씹듯 인간도 경험을 반추해야 한다. 말하자면 반추는 경험의 소화 과정이다. 경험을 잘 소화해 살과 피로 만들어야 한다. 경험의 반추 과정을 생략하면 자기가 경험한 것들은 아무 의문 없이 '진리'로 굳어버린다.

노약자석에 젊은이가 앉은 것을 보면 분노가 치밀고, 손아랫사람이 말대꾸를 하면 화가 나는 것은 내 생각이 진리라서이다. 어른 공경, 부모 공경이 과연 절대 진리일까.

조금 더 이야기를 진척시켜 보자. 경험은 광대한 영역을 포괄한다. 자신이 읽은 책, 몸담고 있는 세계의 관습, 인간관계 등 모든 것이 경험이다. 그만큼 우리는 되새김질해야 할 게 많다. 심지어 세상 사람들이 전부 옳다고 생각하는 가치조차 그것이 과연 옳은지 곰곰이 되새겨야 한다.

우리가 받는 최초의 가정교육은 아마도 인사법일 것이다. 어려서부터 인사 교육을 받는 애는 밖에서 어른한테 인사 하나는 잘한다. 하지만 집에서는 어떠한가. 떼쓰고 투정하고 마치 왕자 공주처럼 행동하지 않는가.

진정한 예절은 남에게 피해 안 주고, 타인의 사적인 부분을 함부로 간섭하지 않으며, 약자를 보호하는 게 아닐까. 사람들은 그걸 사회적 매너라 부른다.

껍데기 같은 인사법보다 지하철에서 다리 벌리고 앉지 마라, 친구의 약점을 조롱하지 마라, 다른 사람의 성적 취향을 존중해 줘라, 장애인을 배려하라… 이런 것이 실용적인 예절 교육 아닐까. 유교 관습에서 유래한 잘못된 예절 교육은 때로 아이들을 이기적으로 만들고, 노인을 이기적으로 만들며, 남자와 여자를 이기적으로 만든다.

버스 여행은 세상에서 가장 저렴하게 즐기는 여행이다. 자가용이 귀하던 시절, 버스는 미지의 세계로 나를 데려다주던 재미난 탈것이었다. 지금도 물론 버스 여행을 좋아한다. 컴컴한 지하철보다 풍경을 안고 달리는 버스가 내 취향이다.

그때 그 시절 버스들은 일률적으로 파란색 비닐 시트에 자주색 커버를 덧씌워놓곤 했다. 많고 많은 색 중에 왜 하필 파랑이고 왜 버건디였을까. 지금 생각하면 가장 때 안 타는 색깔이 짙은 파랑과 짙은 빨강이 아니었나 싶다. 정확히 말하면 때가 탔는지 안 탔는지 알 수 없는 색이 버건디였던 것.

비행기 사용법을 기사로 작성한 적이 있기에 나는 비행기 좌석과 손잡이, 리모컨에 얼마나 많은 세균이 묻어 있는지 잘 알고 있다. 그래서 비행기를 타면 가장 먼저 하는 일이 손세정제를 묻힌 물티슈로 주변을 닦아내는 일이다. 좌석 손잡이, 리모컨, 탁자까지 꼼꼼하게 닦는다. 안 닦는다고 당장 무슨 병균이옮는 것은 아니겠지만 타인이 남긴 미생물에 내 살이 닿는 게 영 찝찝하다.

나 어릴 적만 해도 세균은 우리 삶에 위협적 존재가 아니었다. 구제역도, 사드도, 조류독감도, 메르스도 없던 시절이었다. 지금은 미세먼지다 황사다 해서 마스크를 착용하는 일이 흔하지만 그때만 해도 비좁은 버스 안에서 누가 담배를 피우든 김밥을 먹든 뭐라 하는 사람이 없었다.

도로 사정이 안 좋다 보니 버스들은 엄청 덜컹댔다. 넘어지지 않기 위해 나는 담배 분진이 눌어붙다 못해 끈적끈적해진 좌석 커버를 오지게 붙잡고 버텼다. 그렇게 실컷 버스 안의 이곳저곳을 만지고 더듬으며 도달한 장소가 남산이었다. 그러니까 우리 식구가 버스 여행에 나선 날은 남산에 오른 날이었던 것이다.

남산은 꿈의 여행지였다. 발아래 성냥갑처럼 옹기종기 들어앉은 건물들을 내려다보며 나는 세상에서 가장 상쾌한 바람을 쐬었다. 도시 빈민자였던 내게 잘 구획된 녹지 공간은 매우 멋진 여행지였다.

남산 오르막길에서 먹던 번데기는 또 얼마나 맛있던지. 뽑기 판을 돌려 표적을 맞추면 선물이 기다리지만 꽝에게는 번데기 한 봉지가 주어졌다. 선물을 탈 확률은 제로! 그냥 50원 내고 번데기 사 먹는다 생각하면 속 편하다. 버스 좌석에서 옮겨붙은 온갖 세균이 묻은 손으로 집어 먹던 번데기는 간도 참 잘 맞았다.

요새는 바빠서 바로 옆에 있는데도 남산을 못 간다. 꼬질꼬질한 손으로 집어먹던 번데기… 요즘도 파는지.

버건디 뼈: 드러나서는 안 될 것이 드러날 때

버건디 뼈는 안과 밖의 경계를 허문다. 1889년 3월, 파리 한복판에서 프랑스대혁명 100주년을 기념하는 파리만국박람회가 열렸다. 에펠탑은 파리만국박람회장을 드나드는 출입문이었다.

산업혁명은 전 지구적인 변화를 몰고 왔는데 건축계에도 새 바람을 불어넣었다. 그동안 건축이라고 하면 대리석을 사용해 웅장하게 짓는 것이 미덕이었다. 그런데 근대에 들어 건축의 판도가 완전히 바뀌었고 철, 유리가 건축 소재로 등장했다.

물론 그전에도 건축에 철을 사용하기는 했다. 다만 어디까지나 뼈대로 쓰였지 떡하니 외관으로 나서지는 않았다. 에펠탑의 설계자인 구스타브 에펠Gustave Eiffel은 뉴욕 '자유의 여신상' 내부 강철 프레임을 설계했던 사람으로 당대의 강철 전문가였다. 그런 그가 강철로만 이뤄진 건축물을 꿈꾸는 것은 자연스러운 일이었다.

에펠탑을 완성하는 데 25개월이 걸렸다. 총 250여 명의 인부가 투입되었고, 7300톤의 강철이 들어갔다. 1889년 파리만국박람회장을 방문한 인원만 3200만 명에 달했는데 많은 사람이 에펠탑의 당당한 위용에 찬사를 보냈다. 그런 한편 소설가 모파상 등 몇몇 예술가들은 파리 미관을 망치는 흉물이라며 맹비난을 퍼부었다.

그도 그럴 것이 당시 관념으로 철 구조물이란 겉으로 드러나서는 안 되는, 대대손손 내려오는 집안의 비밀 같은 거였다. 뼈대를 적나라하게 드러낸 에펠탑은 말하자면 드레스는 벗어던지고 가터벨트만 하고 파티에 참석한 귀부인 꼴이었다. 그로부터 100년 뒤 가수 마돈나가 진짜 가터벨트를 내놓고 무대에 섰을 때 우리도 얼마나 놀랐던가.

식견 있다는 사람들이 나서 이 외설적인 건축물을 허물어버릴 것을 주장했다. 당장 부수는 건 아쉽다는 의견이 있어 20년만 두었다가 철거하기로 하는데 그렇게 세월이 흐르고 흘러 드디어 철거 날이 다가왔다. 그런데 이 에펠탑 진짜 운도 좋다. 그 사이 과학기술이 비약적으로 발전하면서 전파를 전송할 송신탑이 필요하게 된 것이다.

그렇게 에펠탑은 뾰족한 안테나를 매다는 조건으로 철거 위기를 모면했다. 가까스로 살아남은 에펠탑은 현재 프랑스에서 가장 유명한 건축물이 되었다. 이제 에펠탑이 없는 파리는 상상도 할 수 없다.

이즈음에서 에펠탑의 색깔에 대해 짚고 넘어가자. 처음 제작됐을 당시 에펠탑은 버건디 색이었다. 에펠탑뿐만 아니라 철 구조물 상당수가 버건디 컬러를 하고 있다. 그 이유는 녹을 방지하는 방청도료의 원료가 붉은빛을 띠기 때문이다. 적연Red lead은 납을 공기 중에서 400도 이상 가열해 만든 붉은빛 금속가루인데, 같은 버건디 계열의 방청안료인 산화철을 혼합하면 견고한 방청도료로 재탄생된다. 철 구조물들이 배냇옷으로 버건디를 입는 것은 그런 이유다.

그렇다면 지금 에펠탑은 무슨 색일까. 실제로 본 사람도 기억이 잘 안 나리라. 나도 그러니까. 1889년 준공 당시 버건디로 선을 보였던 에펠탑은 조금씩 색을 달리하다가 1968년부터 '에펠탑 브라운'으로 고정되었다.

수많은 예술가와 사진가, 관광객을 대상으로 투표에 부친 결과 브라운이 파리에 가장 적합하다는 결과가 나왔기 때문이다. 하지만 브라운이라고 다 똑같은 브라운을 칠하는 게 아니다. 아래에서 봤을 때 시각적으로 균일하게 보일 수 있도록 탑 아랫부분에는 가장 진한 색을, 중간에는 좀 더 옅은 색을, 탑 꼭대기에는 밝은색을 칠한다. 에펠탑을 전부 칠하는 데 50여 톤의 페인트가 들어가며 새로 칠할 시기는 관광객이 투표로서 정한다고 알려져 있다.

세계에는 아름다운 버건디 철 구조물이 많다. 대표적으로 미국 샌프란시스코에 있는 금문교Golden Gate가 버건디고, 벨기에 안트베르펜 중앙역이 버건디다. 금문교는 세상에서 가장 아름다운 다리고, 벨기에 안트베르펜 중앙역은 세계에서 가장 아름다운 역사로 꼽힌다.

1993년 착공해 1937년에 완공된 금문교. 대공황도 진정되고 미국 각지에서 도시 발전이 촉진될 때였다. 총 길이가 2737미터인 이 다리는 그때만 해도 세계에서 가장 긴 다리였다. 놀라운 것은 이 긴 다리에 기둥이 단 두 개뿐이라는 사실이다. 기둥과 기둥 사이 거리가 장장 1280미터다. 세계에서 가장 긴 다리라는 기록이 깨진 지금도 세계에서 가장 유명한 현수교라는 명예는 지키고 있다.

컬러가 버건디인데 왜 이름은 금문교일까. 그것은 이 다리가 골든게이트Golden Gate 해협에 자리 잡고 있기 때문이다. 해질 녘 황금빛 노을이 비껴 장관을 이루는 이 붉은 다리의 자태는 말로 형용할 수 없을 정도다.

한편 벨기에를 방문하면 꼭 구경해야 할 곳이 벨기에 동쪽에 있는 안트베르펜 중앙역이다. 철과 유리로 된 버건디 아케이드 천장이 포인트인 이 건축물은 1905년 루이 델라상세리가 설계했다.

면적이 큰 만큼 역사 안에는 다양한 상점이 자리하고 있는데 다이아몬드를 파는 보석상, 벨기에 맥주를 파는 펍, 벨기에 와플 가게, 벨기에 초콜릿 가게까지 다 있다. 한마디로 작은 벨기에를 더 작게 축소한 곳이다. 벨기에 전역에서 이 역으로 오는 트램과 버스가 있으니 벨기에를 방문하면 잊지 말고 둘러보도록 하자.

버건디 뷰익: 육로로 평양을 방문한 차

올드 뷰익Buick은 쿠바인의 긍지를 나타낸다. 쿠바 하면 체 게바라와 헤밍웨이, 시가가 떠오르겠지만 올드카로도 유명하다. 그곳에 가면 버건디 뷰익쯤은 '천지삐까리'다. 1959년 쿠바 '피델 카스트로' 혁명정권이 공산화를 선언하자 미국은 1962년 금수조치를 단행했다. 쿠바 정부도 가만있지 않고, 자동차 수입을 제한하는 법을 마련했다. 아바나 도심에 1950년대산 포드, 뷰익, 셰비, 폰티악 같은 자동차가 지금껏 굴러다니는 이유다.

쿠바를 바라보는 미국의 시각은 점차 나아지는 중이다. 2016년 오바마 대통령이 쿠바를 방문하면서 화해의 제스처를 취했다. 이렇게 되니 쿠바에 신차가 많이 돌아다닐 것 같지만 그게 그렇지가 않다. 여전히 쿠바 정부가 수입 신차에 물리는 관세가 적지 않기 때문이다. 2016년 기준 현대자동차 중형 SUV 한 대 값이 4억 원을 호가했다. 당시 쿠바의 대학교수, 의사의 평균 월급이 50쿡CUC(약 5만 8000원)이라고 하니 언감생심 신차 구입은 남의 나라 이야기다.

쿠바인의 차 사랑은 유별나다. 올드카 대부분이 기본 70년은

묵었다. 그래도 워낙 고쳐 쓰고, 닦아 쓰고, 칠해 쓰고, 아껴 쓰다 보니 고물차라도 광이 번쩍번쩍 난다. 비싸기도 엄청 비싸다. 어느덧 올드카는 쿠바인의 자랑이자 긍지가 됐다.

효창공원 옆 '김구 선생 기념관'에 가면 그가 타던 뷰익을 볼 수 있다. 당신이 타던 차는 아니고 김구 재단에서 똑같은 모델을 구해다가 기념관에 기증한 것으로, 선생 차는 검은색이다. 이곳에 전시된 뷰익은 2331 번호판을 달고 있는데, 이 숫자를 모두 더하면 김구 선생의 이름이 된다.

뷰익은 1948년 4월 19일 최초의 남북정상회담이었던 남북연석회의를 위해 평양으로 김구 선생을 모셨다. 분단을 막으려는 남북 간 마지막 협상이었다. 김구 선생의 비서였던 선우진 선생의 회고록 『백범 선생과 함께한 나날들』을 보면 김구 선생은 하마터면 연석회의에 참석하지 못할 뻔했다고 한다.

당시 많은 사람이 김구 선생의 북한행을 반대했는데, 북한에 발을 디디는 즉시 공산당이 선생을 죽일 것이라고 생각했기 때문이다. 경교장 앞마당에는 중국 총영사 유어만이 백범 선생에게 선물한 신차가 대기 중이었다. 선생의 애마인 뷰익은 마침 수리를 위해 경교장 맞은편 동양극장 위 정비 공장에 가 있었다. 차가 출발하려는 순간 한 무리의 젊은이들이 길에 드러누웠다.

"정 가시려면 우리 위로 차를 몰아가십시오."

백범 선생은 격노했다.

"이것은 또 하나의 독립을 위한 일이다. 내가 살면 얼마나 산다고 그러느냐. 가게 놔두라!"

그때가 점심 무렵, 연석회의가 열리는 시각은 오후 6시였다. 학생들은 자동차 바퀴까지 펑크내버렸다. 결국 김구 선생은 경교장 동편 지하 보일러실의 석탄 넣는 구멍으로 탈출한다. 선생의 뷰익 2235는 그 사이 경교장 뒤 석물공장 담 밑에 대기하고 있었다. 다행히 차가 빨리 고쳐졌던 것. 선생은 성공적으로 남북 연석회의에 참석하지만 회담은 결렬되고 만다. 두 나라의 정상은 분단을 막지 못했다.

버건디 사과: 훔친 사과의 향미증가성 원칙

버건디 사과는 내가 외국에서 훔친 최초의 물건이다. 일단 내가 사과를 별로 좋아하지 않는다는 이야기부터 하자. 누구나 선호하지 않는 음식이 있는데 나에게는 그것이 사과다. 사과는 달지만 부드럽게 달지 않고 날카롭게 달다. 씹을 때 시끄러운 소리가 나는 것도 불편하다. 나는 사과가 상큼하게 느껴지기보다 진하게 느껴진다.

그래도 딱 한 번 진짜 맛있는 사과를 먹었던 기억이 있다. '하디 하우스'를 보기 위해 영국 남부 도체스터 스틴스퍼드Stinsford를 방문했을 때다. 하디는 『테스』의 작가 토머스 하디를 말한다.

하디는 석공의 아들로 태어나 작가가 되기 전까지 건축 일을 했다. 하디 하우스도 하디 본인이 지었는데 대문호의 주택답지 않게 아담한 2층 벽돌집에 초가를 얹었다. 파사드Fasade를 반이나 차지하는 덥수룩한 지붕 아래 작은 창문이 조르륵 나 있고, 그다지 크지 않은 외짝 현관문이 달려 있었다. 도체스터가 시골이다 보니 하디 하우스는 마당이 아주 널찍하다. 전형적인 영국식 마당으로 웃자란 풀과 관목, 화려한 아생화가 멋들어지게 어우러져 전원주택의 맛이 그대로 살아있었다.

하디 하우스 이곳저곳을 둘러보는데 집 마당 한쪽으로 오솔길이 보였다. 관목 수풀에 가려 잘 보이지도 않는 곳이 어떻게 내 눈에 띈 것인지. 꼭 잠자는 숲속의 공주가 잠들어 있을 것 같은 그런 숲속 오솔길이었다. 조금은 떨리는 마음으로 한 발자국, 한 발자국 걸어 들어갔다. 이상한 나라의 앨리스처럼 알 수 없는 토끼굴로 빠지는 것은 아닐까 두려웠지만 호기심의 힘은 지구의 중력만큼 강력했다.

수풀을 헤치고 한참 걷다 보니 갑자기 눈앞이 환해지면서 널따란 과수원이 나타나는 게 아닌가. 일반 과수원처럼 나무가 도열해 자라는 것이 아니라 그냥 벌판에 나무들이 널린 느낌이었다. 아무도 관리를 안 하는지 바닥에 떨어져 뒹구는 사과가 한 말이 넘었다. 나무에 매달린 사과도 많았는데 가지가 휠 정도로 다닥다닥 붙어있었다. 가족들이 먹으려고 심은 느낌.

이상하게 사과들이 굉장히 작았다. 자두보다 약간 큰 정도에 구형도 아닌 길고 납작한 모양이었다. 바닥에 뒹구는 것 중 멀쩡해 보이는 것으로 하나 주워들었다. 그랬다. 아무리 바닥에 뒹굴고 있어도 그것은 남의 사과였다. 훔친 사과가 맛있다는 말은 진리였던가. 바지에 슥슥 문대 한 입 베어 무는 순간 하늘에서 종소리가 들렸다. 그렇게 맛있는 사과는 처음이었다. 수분과 당도가 넘치지 않았다. 적당히 달고 적당히 촉촉한 사과였다. 누가 볼까 싶어 얼른 먹고 빠져나왔지만 정말이지 주저앉아 몇 개 더 먹고 싶었다.

그리고 그날 밤 도체스터 이웃 동네 윈체스터의 어느 호텔에 묵게 됐다. 다음날 아침 식사를 위해 식당으로 내려가니 글쎄 전날 내가 먹었던 것과 똑같이 생긴 사과가 뷔페 레스토랑 과일 섹션에 떡 하니 올라 있는 게 아닌가. 영국 사과는 다 이렇게 생겼나. 반가운 마음에 한 입 덥썩 물었다.

아, 그런데 전날 먹었던 그 맛이 아니었다. 외관은 똑같았는데 뭔가 푸석푸석하고 밍밍했다. 그래서 깨달은 사실, 역시 훔친 사과가 맛있다!

조금 더 하디 이야기를 전개하자면 토머스 하디는 1928년 고향에서 아내가 임종을 지키는 가운데 숨을 거둔다. 하디의 나이 88세. 그가 남긴 유언이 뜻밖이다.

"내가 죽으면 집 근처 스틴스퍼드 교회에 묻어주시오."

당시 소설가 하디의 위상은 영국 내에서 어마어마했고, 그의 장례는 국장으로 치러졌다. 당연히 유해는 런던 한복판 그 영광스러운 웨스트민스터에 묻혔다. 하지만 그의 유언 때문에 심장만은 따로 분리해 스틴스퍼드 교회에 안치되었다고 한다. 그 교회는 하디의 첫 번째 아내가 묻힌 곳이었다.

하디가 임종을 거둘 당시 그의 곁에는 두 번째 아내가 있었다. 금술이 어땠는지는 모르지만 사이가 좋으나 나쁘나 엄연히 곁을 지키는 사람이 있는데 먼저 떠난 사람 곁에 묻어달라니….

버건디 산딸기: 돈 주고 안 산 딸기

산딸기는 딸기와 오디의 중간쯤에 위치하는 열매다. 풀도 아니고 나무도 아닌 것이 산길에 덤불을 이루며 자란다. 검붉게 농익은 것을 하나 따서 입에 넣으면 달콤 떨떠름한 게 그 맛이 참으로 오묘하다. 맛있다고 하기에도, 맛없다고 하기에도 애매한 맛이랄까.

러시아 여행길에 만난 산딸기 이야기를 해보자. 모스크바 외곽의 천년고도 수즈달Suzdal을 방문했을 때다. 오후 늦게 호텔에 도착해 짐을 푸는데 객실 탁자 위에 앙증맞은 접시가 놓여 있는 게 눈에 들어왔다. 작은 접시에는 검은색에 가까운 산딸기가 소담스럽게 담겨 있었다.

수즈달 스타일 '웰컴 후르츠'였다. 러시아 산딸기는 우리나라 산딸기와 모양은 비슷한데 훨씬 크고 통통했다. 색깔도 짙고 한마디로 굉장히 먹음직스럽게 생겼다. 하나를 집어 입에 넣었더니 산딸기 특유의 베리 향이 입 안을 꽉 채우면서 기분 좋은 미감이 밀려왔다. 쓰면서 달콤한 맛이랄까. 산딸기는 맛있다기보다 먹고 있으면서도 그 맛이 궁금해지는 맛이었다. 대체 이게 무은 맛이야?

러시아는 여름 끝자락이라 백야 현상이 있었다. 밤 11시나 되어야 어스름이 내렸다. 그리고 자정부터 새벽 2시까지 짧은 밤이 이어진 후 바로 날이 밝아왔다. 이 신비한 현상에 나는 잔뜩 흥분한 상태였다. 단지 낮이 길 뿐인데 꼭 시간을 선물 받은 기분이었다.

느지막이 저녁 식사를 마쳤음에도 여전히 밖이 환했다. 소화도 시킬 겸 호텔 근방을 산책하기로 했다. 수즈달이 워낙 시골이다 보니 호텔 규모는 작아도 부지가 상당히 컸다. 호텔 정원인지 동네인지 알 수 없는 오솔길을 걷는데 글쎄 바로 좀 전에 '웰컴 후르츠'로 제공받았던 산딸기와 똑같은 산딸기가 길가에 널려 있는 게 아닌가.

다닥다닥 열린 열매 가운데 자줏빛으로 잘 익은 놈을 따서 입에 넣었다. 베리 채집은 영국에서의 사과와 달리 도둑질이라 할 수 없다. 산딸기 잡목은 말 그대로 길가 잡초였기 때문이다. 우리나라라면 길가에 열린 열매를 따 먹는 것도 찝찝한 일이거니와 씻지 않고 바로 먹는 것은 있을 수 없었다. 하지만 수즈달은 공장도 차도 드문 청정 시골. 미세먼지 따윈 더더욱 찾아볼 수 없는 곳이었다.

맛을 보니 호텔 객실에서 먹었던 그 산딸기가 틀림없었다. 내가 먹은 산딸기는 시장 물건이 아니었던 것이다. 왜 우리나라 시골 민박집에 가면 주인 할머니가 텃밭에서 바로 고추와 상추를 따다 상에 올리지 않는가. 그때부터 본격적으로 주저앉아 산딸기를 따먹기 시작했다. 대체 이게 무슨 맛이지? 계속 고개를 갸웃거리면서. 그렇게 한참 먹다 보니 정신이 들었다. 저녁 잘 먹고 이게 뭐 하는 짓인가!

부담스러울 정도로 배가 불렀다. 일어서야 하는데 몸이 무거워 편하게 일어설 수 없었다. 날이 밝으면 수즈달을 벗어나야 할 테니 언제 길에서 러시아 산딸기를 또 먹어보랴 싶어 과식했던 것.

그런데 그 후에도 나는 러시아 곳곳을 여행하는 동안 그런 베리류를 자주 만났다. 도심만 벗어나면 화단이고 길가고 산딸기가 주렁주렁 열려 있었다. 화단에는 뱀딸기가 무성했다. 심지어 러시아 뱀딸기는 크기도 크고, 달기도 달았다.

우리나라에서는 못 먹는 뱀딸기를 러시아 할머니들은 투명한 용기에 가득 담아놓고 길가에 앉아 팔았다. 우리 돈으로 3000원이면 아이스아메리카노 컵으로 하나 가득 준다. 이것도 이재에 밝은 할머니들이 어리바리한 여행객의 뒤통수를 친 것이고, 동네 슈퍼마켓에서는 더 싸다. 러시아가 좋은 이유 가운데 하나가 농산물이 더없이 저렴하다는 것이다.

산딸기, 블루베리, 포도 같은 버건디 과일 열매는 안토시아닌과 폴리페놀이 풍부해 건강에 이롭다고 한다. 버건디 열매는 시력을 보호하고 안구건조증을 예방하며, 변비와 노화를 막고, 항암 작용까지 한다고 알려져 있다.

몸에 좋은 음식들은 피로와 불면을 이기게 해주고 활력과 안정감을 제공한다. 러시아에 다녀온 후로 한 뼘쯤 건강해진 기분이 들었던 것은 길가에 쪼그리고 앉아 주워 먹었던 산딸기 덕이 아니었을까.

• • • 러시아 여행의 시작점은 상트페테르부르크 또는 모스크바가 되겠지만, 좀 더 러시아를 깊이 있게 알고 싶다면 모스크바 주변부, 740킬로미터의 고리를 이루며 자리 잡은 골든링크를 방문해보자. 블라디미르, 세르기예프포사트, 알렉산드로프, 무롬, 수즈달 같은 도시들이 해당된다.

내가 다녀온 곳은 황금고리 가운데서도 자연경관이 아름답기로 유명한 수즈달이다. 수즈달의 상징은 흰색 건물에 파란 돔이 얹힌 '예수탄생교회'다. 이 동네에서 파는 기념품을 보면 대부분 이 성당이 그려져 있다. 모스크바의 '성 바실리 성당' 같은 화려함은 없지만 동화 속에서 막 튀어나온 것 같은 아기자기함 때문에 카메라 셔터를 누르지 않고는 견딜 수 없는 건물이다.

카멘카 강 유역에 끝도 없이 펼쳐진 들꽃 '앤 여왕의 레이스Queen anne's lace'는 수즈달에서의 하룻밤을 더욱 낭만적으로 채색해주었다. 앤 여왕이라는 이름처럼 우아한 이 꽃은 툭 꺾어 한두 가지만 꽂아도 온 집 안이 환해진다.

전통마을에 드문드문 서 있는 목조건축물도 매우 이채롭다. 1776

년에 블라디미르 지역에 세워졌다가 1960년 수즈달로 옮겨진 '성 니콜라스 교회'는 석재가 아닌 나무로 지어졌다. 그래서 통풍이 잘 된다. 이곳은 '여름교회'로 이용되었는데 지은 지 수백 년이 넘었다는 사실이 믿기지 않을 만큼 온전히 보존되어 있다.

모스크바에서 수즈달까지는 대략 서울에서 대구 거리다. 직행버스가 다니긴 하지만 모스크바 외곽도로는 길이 엄청 막히므로 모스크바에서 블라디미르까지는 기차를, 블라디미르에서 수즈달까지는 버스로 이동하는 것을 추천한다. 모스크바에서 수즈달까지 총 4시간가량 걸린다. 멀게 느껴진다고? 드넓은 러시아 땅덩이에서 이 정도 거리는 이웃 동네다. 러시아 지도를 놓고 보면 두 도시가 딱 붙어 있어 구분도 안 된다.

버건디 상그리아 혹은 뱅쇼: 탁월한 저급의 향기

상그리아Sangría는 조심해서 마셔야 한다. 달콤한 맛 때문에 마구 들이켜기 쉽다. 그래서 상그리아는 작업주로 널리 쓰인다. 와인과 과일, 탄산음료를 섞어 만드는 상그리아는 와인이 흉내 낼 수 없는 상큼함까지 갖추고 있다. 남자가 작업을 위해 상그리아를 고른다면, 여자는 넘어가기 위해 상그리아를 고른다.

상그리아라는 단어는 '피'라는 뜻의 라틴어 상그리Sangre에서 유래했는데, 붉은색 칵테일이 핏물을 연상시킨다고 해서 붙은 이름이다. 상그리아는 만들어서 바로 먹는 것보다 와인에 설탕, 과일을 재서 하루 정도 숙성시켰다 먹는 게 더 맛있다. 원액을 만들어두었다가 먹기 직전에 탄산음료만 부으면 끝!

상그리아가 여름 음료라면 겨울 버전으로 뱅쇼가 있다. 뱅쇼Vin chaud는 프랑스어로 '따뜻한 와인'이라는 뜻이다. 독일어로는 글뤼바인Glühwein, 미국에서는 뮬드 와인Mulled Wine이라 부른다. 상그리아 만큼 뱅쇼도 만들기 쉽다. 와인에 오렌지 껍질, 레몬, 클로브Clove, 시나몬 스틱 등을 넣고 20분간 뭉근히 끓이면 완성. 끓이는 과정에서 알코올 성분이 거의 날아가기 때문에 유럽 가정에서는 아이들이 아플 때 감기약 대용으로 한 국자씩 떠주기도 한다. 추운 나라를 여행하게 되면 축제나 벼룩시장 좌판을 잘 들여다보길. 뱅쇼를 종이컵에 담아 잔술로 팔고 있을 것이다. 그만큼 서민적인 음료다.

상그리아와 뱅쇼는 공통점이 있다. 저렴한 와인이나 테이블 와인으로 쓰고 남은 술을 재활용해서 만든다. 상그리아나 뱅쇼에 비싼 와인을 사용하는 것은 '돼지 목의 진주'다. 어차피 제조 과정에서 향미는 날아간다. 와인의 맛과 향을 보충하기 위해 과일과 향신료를 가미하는 것이다.

경리단길 초입에 자리 잡고 있던 바 '녹스'를 기억하는 사람이 있을까. 어느 추운 날 무심코 찾아 들어간 그곳에서 처음 뱅쇼를 만났다. 지금처럼 경리단이 번화하지 않아서 사실 갈만한 데가 거기밖에 없기도 했다.

바텐더가 라틴계 남자라서 살짝 무서우면서 좋았다. 그 사람 입에서 이상한 외국어가 튀어나올까봐 무서웠고, 스페인이나 이탈리아 어딘가로 놀러온 기분이 들어 좋았다. 그때만 해도 외국인이 그것도 유러피안이 주방일을 하는 게 신기하게 여겨질 때였다.

그런데 잘 모르고 시킨 따뜻한 뱅쇼 한 잔에 얼었던 손과 발이 녹아버렸다. 그날 바텐더가 권해준 뱅쇼는 홈런이었다. 첫 뱅쇼의 따스함과 달콤함을 잊을 수가 없어 뱅쇼 마니아가 됐는지도 모른다. 그러니까 나는 지금부터 그날의 녹스 이야기를 하려는 거다.

그와 단둘이 이태원을 걷고 있었다. 누가 먼저였는지 모르지만 하얏트호텔 커피숍에서 커피를 한잔 하자고 제안한다. 아마 나였을 거다. 한창 커피에 빠져 있었을 때니까. 온갖 커피전문점을 순례하며 커피 맛을 보고 다녔다. 나도 산지나 로스트 강도에 따른 커피 맛의 차이를 구분하는 능력을 갖고 싶었다. 결국 습득하지 못한 재주가 됐지만.

한남동 주택가와 리움 미술관을 거쳐 하얏트에 도달했을 때다. 구글 지도를 보고 찾아오기는 했는데, 있어야 할 호텔 출입구가 보이지 않았다. 안타깝게도 그곳은 호텔 뒤편이었던 것. 호텔 출입구는 정반대편에 있었다.

지도를 보니 오르막길로 빙 돌아 족히 30분은 더 걸어야 출입구와 만날 수 있었다. 이미 오래 걸은 데다 발이 시리고 손도 시려 도무지 정문까지 돌아갈 엄두가 나지 않았다. 하지만 포기하는 것도 억울했다. 얼마나 고생해서 거기까지 갔는데. 기어코 하얏트 커피를 먹고 말리라.

우리 둘 다 큰 고민 없이 축대를 넘자는 결론에 이르렀다. 축대 너머 조경만 좀 헤치면 바로 호텔 수영장이었으니까. 그러나 간단할 것 같았던 호텔 진입은 생각보다 복잡했다. 축대는 밀고 잡아당기고 해서 돌파했으나 수많은 조경석과 관목이 길을 가로막고 있었다. 가파르기는 또 얼마나 가파른지. 설악산 준령을 넘듯 긁히고 넘어진 끝에 간신히 하얏트호텔 수영장 뜨락에 올라설 수 있었다. 그때의 성취감이란! 이 글을 하얏트 관계자가 본다면 경비에 더 신경을 기울일지도 모르겠다.

겨울이라 호텔 수영장은 빙판으로 변해 있었다. 보통은 사람들이 스케이트를 타면서 노는 곳인데 워낙 시간이 늦다 보니 아무도 없었다. 다행히 건물 출입구가 열려 있었다. 우리는 호텔 로비 라운지로 유유히 걸어 들어가 따스한 커피를 주문했다. 커피 맛은 그냥 그랬던 것 같다.

나오는 길은 쉬웠다. 당당하게 호텔 정문을 통과해 정상적으로 경리단길로 들어섰다. 그대로 헤어지는 게 아쉬웠다. 불가능한 일을 해낸 우리가 아닌가. 그와 나는 간단하게 한잔 하기로 하고 술집을 찾아나섰다. 그런데 이 경리단이라는 동네는 이태원과 또 달라서 썰렁하기 그지없다. 대사관 건물과 키 낮은 주택들, 미니 슈퍼마켓, 작은 커피숍이 전부였다. 그때의 경리단은 그랬다.

그래서 간신히 찾아낸 바가 '녹스'였고, 거기서 처음 뱅쇼를 마셨다. 지금 생각해보니 나는 그 사람을 많이 사랑했던 것 같다. 그 순간을 떠올릴 때마다 마구 슬퍼지니까. 그 뒤 녹스는 몇 번 간판을 바꾸어 달다가 지금은 편의점이 되었다.

서울 시내를 발아래 두고 상그리아를 즐겨보자. 경리단길 건너편 도로를 따라 주욱 올라가다 보면 해방촌오거리가 나온다. 이곳에 괜찮은 루프톱 바가 여러 곳 있다. 그중에서도 '오리올'은 3층 건물에 불과하지만 소월로 바로 아랫길에 자리하다 보니 서울 시내가 한눈에 내려다보여 전망이 그만이다. 남산타워도 손에 잡힐 듯 가깝다. 20대 손님이 대부분이니 나 같은 노땅들은 쑥스러움을 감수해야 한다. 그것만 감내할 수 있다면 상그리아 맛도, 야경도, 산바람도 다 굿이다.

◉ 버건디 장정의 성경은 내 상상력의 원천이다. 어렸을 적 부모님은 귀퉁이가 나달나달해진 성경책을 펴고 다윗이 물맷돌로 골리앗을 쓰러뜨린 이야기, 형 에서가 팥죽 한 그릇에 동생 야곱에게 장자권을 판 이야기를 들려주었다. 나는 성경 속 신화의 세계에 푹 빠져 들었다. 성경을 읽는다는 것은 미지의 세계로 긴 여행을 떠나는 것과 매한가지였다. 그 세계는 상상할 수 없을 정도로 풍요로웠다.

성인이 돼서도 성경은 큰 자극제였다. 성경을 펼치면 깊디깊은 상상력의 샘이 열리고 나는 그 속에서 나의 이야기들을 길어 올렸다. 성경은 나를 소설가로 만들어주었다. 성경에는 매혹적인 이야기가 수없이 많이 등장하지만 아담과 이브에 얽힌 인간 탄생 비화만큼 강렬한 스토리는 없을 것이다.

낙원에 머물 때 아담과 이브는 동산에서 뛰노는 두 마리 토끼였다. 아담과 이브 그리고 자연은 하나였다. 성경에 보면 선악과를 따 먹기 전까지 그들은 불사의 존재였다고 기술되어 있다. 하지만 나는 그들이 '죽음을 몰랐던 존재'에 더 가까웠을 것이라고 생각한다. '죽음'이 숙명이라는 것을 아는 존재는 인간밖에 없다.

개중에는 토끼가, 강아지가 죽음을 안다고 주장할 사람이 있을지도 모르겠다. 위기에 처해 알 수 없는 공포를 느낄 수는 있지만 토끼, 고양이는 결코 그걸 죽음과 연관시켜 사고하지 못한다. 죽음은 철학적인 문제다. 인간도 말을 배우기 전인 18개월 이전까지는 죽음을 모른다.

아담과 이브는 선악과를 따 먹고 인간이 됨과 동시에 죽음을 대가로 치뤄야 했다. 죽음을 몰랐던 '동물 존재'에서 죽음을 두려워하는 '존재적 인간'으로 거듭난 것이다. '죽는 인간'으로 다시 태어난 아담과 이브는 더불어 밝은 눈을 갖게 되었다. 선과 악을 구별하는 능력은 인간만 가졌다. 악을 알게 된 인간은 일생을 타인의 악행으로 인해 고통받으며, 자신의 악행이 불러일으킨 죄책감으로 고통받는다.

또한 그들은 선악과를 따 먹은 죄로 노동이라는 형벌을 감내해야 했다. 노동은 밥벌이 이상의 의미가 있다. 노동을 통해 인간은 사회적 존재가 된다. 아담과 이브의 신화는 수렵채집사회에서 농경사회에 접어든 인간의 모습을 그리고 있다.

유대인 학자 에리히 프롬Erich Pinchas Fromm은 성경과 관련한 저술을 많이 남겼다. 『사랑의 기술』 『자유로부터의 도피』 『불복종에 관하여』 『환상의 사슬을 넘어서』 『너희도 신처럼 되리라』에는 아담과 이브의 '인간 되기' 사건이 서술되어 있다.

여기서 프롬이 주목한 것은 두 사람의 불복종 행위다. 프로메테우스의 배반이 인류의 진보를 가져왔듯 아담과 이브의 불복종 사건이 인류에게 '자유로운 개인'으로 살아가는 법을 선물했다고 그는 말한다.

『사랑의 기술』을 보면 처음 사랑에 빠지는 것은 아주 쉽다. 특별한 기술이 필요 없다. 호르몬과 본능만 있으면 가능하다. 하지만 사랑을 유지하는 데는 '인간적인 사랑'의 기술이 필요하다. 프롬은 '창조적 불복종'이야말로 핵심적인 '사랑의 기술'이라고 말한다. 아담과 이브는 단지 하느님의 명령을 거역한 게 아니다. 선악과 사건은 하느님 앞에서 당당하게 '나는 인간이에요'를 외친 자주독립운동 사건이다. 이를테면 이런 외침 말이다.

"나는 호르몬이 시키는 대로 하지 않아요. 부끄러움도 알고, 선악도 구분할 줄 안다고요!"

성경을 꼼꼼히 읽은 사람이라면 프롬의 견해에 쉽게 동의할 수 있다. 성경은 시종일관 죄의 사슬을 끊고 자유의 길로 나아가라고 충고하고 있다. 타락하고자 하는 본능을 탈피해 사회적 인간으로의 책임과 의무를 다하라는 것이다. 욕망, 정념의 명령으로부터 자유로워지라는 게 성경의 요지다.

인간은 '선악과' 불복종 사건을 통해 비참한 인간 세상으로 내몰린 게 아니라 인간답게 살아갈 자유를 얻었다. 『정의란 무엇인가』를 쓴 마이클 샌델Michael Sandel은 '정의'의 정의를 '분배정의'로 한정짓는다. 사용인은 내 것을 무한 확보하려는 욕심으로부터 자유로워져야 한다. 자신이 번 돈을 기꺼이 고용인의 임금으로 지불해야 한다. 독선과 독점의 욕망에서 자유로워지는 것이 진짜 자유다. 자유와 방종은 구분되어야 한다.

창조적인 불복종은 남녀 간의 사랑에도 적용할 수 있다. 사랑이란 홀로서기에 성공한 개인이 서로에게 스며드는 일이다. 홀로서기가 안 된 상태에서 상대에게 자꾸 의지하거나 한 사람이 지나치게 독선적으로 행동하면 사랑은 사라진다.

앞에서 인간이 선악을 알게 되는 시기는 생후 18개월, 말을 배울 무렵이라고 했다. 아기가 처음 배우는 말은 '엄마' '아빠' 그리고 금지에 관한 것이다.

"지지야, 만지지 마! 지지야, 먹지 마!"

성경
찬송가
MARRIOTT MARQUIS
BANGKOK
QUEEN'S PARK

인간을 비롯한 모든 생명체의 생존 게임에 있어 위험은 악이고, 안전은 선이다. 공동체 구성원의 안전, 편리와 관련해 사회적 가이드라인을 제시하고 '금지'를 표면화한 게 법이다. 말에는 문법, 사람 사이에는 예법, 도로에 나가면 교통법이 있다. 법은 선악을 가늠하는 기준일 뿐만 아니라 공동체 생활을 가능하게 해주는 토대다.

재미있는 것은 인간 사회는 법을 내면화하면서 공동체를 이룩하게 됐지만, 공동체 안에서 개인의 행복은 법을 망실함으로 획득된다는 사실이다. 어느 시점에 이르러 인간은 법 혹은 선악에 대한 구분을 잃어버려야 한다. 상대의 허점을 알아도 모르는 척, 남이 틀린 것 같아도 지켜봐주면서 나와 달라도 좋은 웃음으로 대해주어야 그 공동체 안에서 사람 대접받으며 생활할 수 있다.

유식한 사람, 가진 것 많은 사람보다 남의 허물을 덮어주는 사람, 남의 이야기에 귀 기울이는 사람, 마음 넓은 사람이 사회적으로 환영 받는 게 사실이다. 내가 배운 법은 때로 틀릴 수 있다. 내가 아는 법칙이 전부가 아닐 수 있다는 것. 이것을 인정해야 행복이 다가온다.

성찬은 음악으로 완성되는 의식이다. 세례 교인이라면 예배 시간에 포도주가 담긴 조그만 잔과 무발효 빵을 받아봤을 것이다. 성찬식은 예수가 행한 '최후의 만찬'과 관련이 깊다. 누가복음을 보면 예수는 십자가에 매달리기 전날 제자들과 떡을 나누면서 "이것은 너희를 위하여 주는 내 몸이라. 이것을 행하여 나를 기념하라" 말하고 포도주잔을 든다.

"이 잔은 내 피로 세우는 새 언약이니 곧 너희를 위하여 붓는 것이라."

그렇게 예수가 행한 의식이 지금까지 기독교계 전통으로 내려오는 성찬식이다. 떡은 예수님의 살이요, 포도주는 예수님의 피를 상징한다.

성직자의 전유물이었던 성찬이 일반 성도에게 허용된 것은 16세기 종교개혁 이후였다. 성찬이 진행되는 동안 낮고 웅장한 음악이 교회 내부를 채우는데 이러한 음악은 성찬을 더욱 신성하고 거룩하게 만드는 효과가 있다. 음악이 없는 성찬은 상상도

할 수 없다. 앙꼬 없는 찐빵, 아니 찐빵 없는 앙꼬에 더 가깝다. 예배 시간에 맹숭맹숭하게 술을 돌리고 떡을 돌리면 참 기분이 안 날 것이다.

성찬에 음악적인 요소를 결합시킨 사람이 '음악의 아버지' 바흐다. 바흐는 성찬식용 파이프오르간 연주곡의 작곡가로서 그 이름을 만방에 떨쳤다. 성찬 음악을 통해 바흐는 직업이 '바흐'가 됐다. 음악의 아버지가 바흐라면, 성찬 음악은 클래식의 뿌리인 셈이다.

바흐 하면 대위법을 이야기하지 않을 수 없다. 대위법이란 여러 개의 독립된 선율이 한 곡조 안에 조화롭게 배치되면서 단일한 음악으로 들리는 것을 말한다. 마치 한 공간에 여러 사람이 둘러앉아 자기 이야기를 동시에 펼쳐놓는 것과 같다.

따로따로 분리해서 들어도 그 자체로 완벽한 선율이 한 데 어우러지면서 서로를 배려하고 견제하며 멋진 하모니를 연출한다. 먼저 두 곡 중 한 곡이 앞으로 나선다. 그러는 동안 나머지 한 곡은 뒤에 서서 박수치듯 단조로운 음악을 이어간다. 화음을 넣는 것이다. 그러다가 어느 순간 메인 역할을 하던 멜로디부가 쑥 뒤로 빠지고 단조롭기만 하던 음률이 천상에서 내려온 듯 천천히 무대를 장악한다. 배경부가 주인공으로 바뀌는 이 대목에서 전율이 흐르지 않는다면 피가 모자란 사람이 분명하다.

한편 기독교 전설에 나오는 성배는 최후의 만찬 때 예수가 사용했던 잔을 일컫는다. 거룩한 잔이라 불리는 이 술잔은 기독교 판타지 문학에서 기적의 힘을 지닌 것으로 묘사되곤 한다.

성배를 둘러싼 대표적인 모험담이 『원탁의 기사』다. 최근에는 소설 『다빈치 코드』에 성배가 등장했다. 인류는 과연 성배를 찾아냈을까.

스페인 동부 해안 발렌시아 지역의 '발렌시아 대성당'에 진품 성배로 전해지는 물건이 소장되어 있다. 요한 바오로 2세가 생전에 이곳을 방문해 참배했다고 하는데, 이게 어떤 뜻이냐 하면 한마디로 교황청이 인정한 성배라는 이야기다.

성배가 스페인에 전달된 사연은 이렇다. 십자가에 못 박혀 죽임을 당한 예수가 부활 승천한 뒤에 수석 사도 베드로가 이 잔을 챙긴다. 그리고 로마에서 순교할 때까지 잘 보관해둔다. 그가 세상을 뜬 후 잔은 어디론가 사라지는데 엉뚱하게 바르셀로나 옆 동네 아라곤 왕국에서 발견된다. 기독교 박해를 피해 신자들이 성배를 숨겼던 것이 스페인까지 흘러든 것이다. 그때가 3세기경이었다.

8세기 무렵 스페인이 이슬람 손에 떨어지면서 다시 성배가 사라진다. 사라졌던 성배는 세월이 흐르고 흘러 15세기가 돼서야 다시 나타나는데 멀리는 못 가고 아라곤 왕국에 그대로 있었다. 신도들이 회교도의 손에서 성배만큼은 지켜야겠다고 생각하고 잔을 어딘가에 꽁꽁 숨겨두었던 것.

그로부터 지금까지 성배는 발렌시아 대성당에 소장되어 있다. 성배는 예배당 안에 튼튼한 유리관에 담겨 잘 모셔져 있는데, 백조 두 마리가 머리를 맞댄 듯 두 개의 손잡이가 하트 모양을 이루며 갈색의 나무잔을 떠받치고 있다.

이즈음에서 성찬식에 쓰이는 포도주 이야기를 해보자. 성찬식 포도주는 세례 교인의 특권이다. 그런데 그들 중에는 분명 미성년자도 포함되어 있다. 교회에서는 미성년자가 포도주를 먹도록 놔둘까? 어른들 중에서 술을 잘 못 하는 사람은 어떻게 할까?

내가 경험한 바에 의하면 성찬식 포도주는 술이 아니다. 포도즙에 가깝다. 살짝 알코올 기운이 느껴지긴 하는데 술이라기에는 진하고 달다. 설사 알코올 성분이 들어있다고 해도 예배 시간에는 정말로 조금 주기 때문에 취하는 사람은 없다고 봐야 한다. 당연히 미성년자나 술을 못 먹는 사람에게도 무해하다.

여행 이야기: 철도 라이프를 즐기고 싶다면 독일 라이프치히

...6월이면 라이프치히에서 바흐 페스티벌Bachfest이 열린다. 라이프치히는 바이마르의 궁정악사였던 바흐가 노후를 보내기 위해 찾아간 곳이다. 그는 성 토마스 교회의 성가대 단장으로 있으면서 〈마태 수난곡〉을 비롯해 수많은 기독교 음악을 작곡했다. 바흐로 인해 라이프치히가 음악의 도시가 됐다고 해도 과언이 아니다.

바흐 페스티벌이 열리는 열흘 동안 도시 곳곳에서는 그의 음악이 연주된다. 단순히 동네 축제라고 생각하면 오산이다. 축제 기간이 되면 전 세계에서 바흐 애호가들이 물밀 듯이 밀려들어 호텔 객실이고 음악회 입장권이고 모두 동이 난다. 축제에 참여할 생각이라면 미리미리 호텔도 예약하고 공연장 티켓도 구해놔야 한다.

특히 성 토마스 교회와 니콜라이 교회가 번갈아 연주하는 주일 칸타타 공연은 무슨 일이 있어도 관람해야 한다. 성 토마스 교회는 소년합창단이 매우 유명하다. 이 아이들 노래를 듣고 있으면 100밀리리터쯤 영혼이 정화되는 기분이 든다.

한편 도시의 중심부인 마르크드 광장에는 바흐 박물관이 있다. 자필 악보를 비롯해 바흐의 물품이 전시된 장소로 음악 애호가들에는 성지나 마찬가지다. 박물관도 박물관이지만 광장 한쪽에 『파우스트』의 무대가 되었던 레스토랑이 있으니 꼭 들러보도록 하자.

인천공항에서 라이프치히로 가려면 베를린이나 프랑크푸르트를 한 번 경유하는 루프트한자항공을 이용하는 게 일반적이다. 라이프치히 공항에 내린 후에는 기차를 타고 시내로 진입하게 된다. 우리나라의 경우 인천에서 서울 시내로 들어올 때 전철이나 버스를 많이 타지만 독일은 기차가 가장 보편적인 교통수단이다.

라이프치히 중앙역은 세계에서 가장 큰 기차역이다. 건물 길이는 300미터, 연면적으로 따지면 서울역의 12배에 이른다. 그만큼 이동인구도 많다. 라이프치히가 유럽의 거점도시 역할을 톡톡히 수행하고 있다는 의미다. 기차를 타고 다른 지역으로 이동하기에도 아주 좋다. 한산하면서 교통은 편한 라이프치히를 베이스캠프 삼아 독일 여행에 도전해보는 것도 추천한다.

버건디 소화전: 스트레스 상황이 일어나는 시간

엄마에게 야단맞을 때 항상 소화전Before food is digested이었다. 상사가 아무 이유 없이 트집 잡을 때도 소화전이었다. 공들인 일이 아깝게 무산됐다는 사실을 알았을 때 소화전이었다. 믿었던 친구가 나를 배신했다는 것을 알았을 때 소화전이었다. 만인 앞에 무식이 탄로 났을 때 소화전이었다. 숨기고 숨기던 가난을 들켰을 때 소화전이었다. 길에서 로드킬 당한 짐승을 보았을 때 대체로 소화전이었다. 남자친구와 이별할 때마다 소화전이었다. 모처럼 밥 얻어먹을 일이 생겼는데 소화전이었다. 밤이 깊었는데, 자야 하는데 소화전이었다.

_ 소화 전(Before food is digested)과 소화전(Fire extinguisher)은 음이 같다.

ㅂㅇ
ㅂㅊ

버건디 언덕: 히스로 뒤덮인 요크셔 언덕

버건디 언덕은 오늘도 바람이 거세다. 에밀리 브론테Emily Bronte가 쓴 『폭풍의 언덕』은 그녀 생애 단 한 편의 소설이자 유작이다. 작품 활동을 이어가지 못한 것은 그녀가 30세에 요절했기 때문이다. 제목만으로도 황량한 느낌이 물씬 풍기는 이 책. 내용도 스산하기 짝이 없다. 입양과 사랑, 학대, 복수, 열병, 죽음으로 점철되는 소설 내용은 인생의 무상함을 고스란히 드러낸다.

소설의 무대는 브론테의 고향이기도 한 영국 웨스트요크셔의 작은 마을 호워스. 이곳을 방문한 사람은 마을이 생각보다 작고 고요한 것에 놀란다. 영국 소도시가 그렇듯 성당이 있고, 예쁜 카페가 있고, 서점이 있다.

마을 안쪽 양지바른 언덕배기에 자리한 브론테의 집은 아담한 2층 가옥이다. 브론테 자매가 갖고 놀던 장난감을 비롯해 고색창연한 세간살이가 잘 보존되어 있다. 집 현관을 나서면 짐승의 등뼈 같은 유연한 구릉이 이어진다. 파도치듯 넘실대는 구릉에는 나무 몇 그루와 돌무더기가 자리 잡고 있고 자주색 히스Heath가 융단처럼 끝없이 펼쳐져 있다. 그리고 바람이 분다.

히스는 우리나라 여뀌를 닮은 키 작은 풀이다. 유럽 벌판에서 흔하게 볼 수 있는데 공원처럼 관리가 잘 되는 곳에는 잔디가 자라고, 사람의 손길이 닿지 않는 벌판에는 히스가 자라는 식이다. 그러니까 히스는 잔디나 꽃잔디처럼 인간에 의해 관리되는 깔끔한 식물이 아니라 스스로의 힘으로 자생하는 잡초다.

『폭풍의 언덕』 남자 주인공 이름이 '히스클리프'인 게 우연은 아닐 것이다. 브론테는 바람 부는 언덕 이층집에 살면서 황량하기 그지없는 히스 벌판을 물끄러미 내다보았을 것이고, 종종 상상의 나래를 펼쳤을 것이다. 히스처럼 메마르고 거친 성정의 남자를 주인공으로 하는 소설 한 편이 떠올랐을 것이다. 히스에서 이름을 따온 히스클리프는 거친 정도가 아니다. 두 가문을 절멸시키는 복수의 화신이요, 분노의 아이콘이다.

히스클리프는 언쇼 가문에 입양아로 들어왔다. 리버풀에 일을 보러 갔던 언쇼 씨가 아사 직전의 고아를 발견하고 데려다 양자로 삼았고, 이 가엾은 꼬마에게 히스클리프라는 이름을 붙여주었다. 사실 히스클리프는 어려서 세상을 뜬 그 집 아이 이름이었다. 히스클리프는 죽은 사람이자 곧 죽은 사람 대신이었던 것이다.

언쇼 씨에게는 죽은 아이 말고도 남매가 있었다. 그들이 입양아 히스클리프와 사이좋게 잘 지냈으면 좋으련만 그렇게 되면

미담이지 소설은 아니다. 동생 캐서린은 히스클리프와 아무 문제 없이, 아니 사랑에 빠지기조차 하는데, 오빠 힌들리는 그렇지 못하다. 갈등의 연속이다. 이유는 있다. 언쇼 씨가 친아들보다 히스클리프를 더 아꼈기 때문이다.

이러한 설정은 소설의 전형적인 클리셰Cliché라 할 수 있다. 불협화음이 있어야 이야깃거리가 생긴다. 그 불화는 소외된 사람의 불쾌한 감정에서 비롯된다. 그 불쾌감은 언제나 조건 좋은 사람의 몫이다. 히스클리프가 홀대당했다면 '나는 입양아니까…' 하고 그러려니 하겠지만 친아들 입장에서 소외란 천부당만부당한 일이지 않은가. 그리고 캐서린은 히스클리프를 사랑한다.

> "내가 그 애를 사랑하는 건 잘생겼기 때문이 아니야. 그 애가 나보다 더 나 자신이기 때문이지. 그 애의 영혼과 내 영혼이 뭘로 만들어졌는지는 모르지만 어쨌거나 같은 걸로 만들어져 있어… 모든 것이 사라진다 해도 그 애만 있으면 나는 계속 존재하겠지만, 모든 것이 그대로라 해도 그 애가 죽는다면 온 세상이 완전히 낯선 곳이 되어버릴 거야."

말이 좀 이상하지만 이 정도 '착각'에는 빠져야 '진실한 사랑'이라고 할 수 있지 않을까. 캐서린은 히스클리프를 사랑했지만 장남인 힌들리가 재산을 다 가져가면 히스클리프는 거지가 된다는 생각에 아랫마을의 부유한 지주 린턴가의 아들과 결혼한다. 무일푼 귀족이란 시체나 마찬가지였으니 캐서린은 히스클리프를 위해 돈을 확보하기로 한 것이다.

이 소설에서는 사랑하는 사람을 위해, 사랑하지 않는 사람과 결혼하는 일이 심심치 않게 목격된다. 이러한 사랑의 엇갈림은 모두를 불행하게 만드는데 사랑하면서 맺어지지 못한 커플은 맺어지지 못해 슬프고, 사랑하지 않으면서 결혼한 커플은 같이 살아 불행하다.

하긴 사랑하는 사람끼리 맺어져도 슬프기는 마찬가지다. 결혼 생활이란 자신의 성정과 욕망을 희생하면서 상대의 기분을 맞추어주는 일이다. 피와 살과 인격을 깎는 아픔이 따르는 게 결혼이다. 상대를 위해 아무것도 희생할 각오가 없다면 결혼이라는 것을 다시 생각해야 하다.

예일대 로버트 스턴버그Robert Sternberg 교수의 '사랑의 삼각이론'은 사랑의 요소로 세 가지를 꼽는다. 열정, 친밀감, 헌신. 이 세 가지가 정삼각형을 이룰 때 가장 이상적인 사랑이다. 열정은 뜨거운 것이고, 친밀감은 편한 것이며, 헌신은 상대의 이익을 위한 행동과 관계가 깊다.

스턴버그 교수는 이 세 가지를 다시 조합해 사랑의 종류를 여덟 가지로 분류한다. 친밀감과 헌신의 결합은 '우애적 사랑'이고, 열정과 헌신의 결합은 '얼빠진 사랑'이라는 식이다. 그는 열정이 지배적인 사랑을 '도취한 사랑'이라고 했는데 혜은이가 부른 〈열정〉을 거론하지 않아도 이 말은 옳은 듯하다. 가요 〈열정〉에는 열정적인 사랑에 대한 정의가 나열되어 있다.

"만나서 차 마시는 그런 사랑 아니야, 전화로 얘기하는 그런 사랑 아니야, 웃으며 안녕하는 그런 사랑 아니야, 가슴 터질 듯 열망하는 사랑, 사랑 때문에 목숨 거는 사랑, 같이 있지 못하면 참을 수 없고, 보고 싶을 때 못 보면 눈 멀고 마는 활화산처럼 터져 나오는 그런 사랑."

그런 사랑, 얼마나 가겠나. 기껏해야 몇 개월이다. 친밀감이 지배적인 사랑의 경우 사랑이라기보다 가족애라고 하는 것이 옳다. 친밀감은 열정의 적이다. 친밀감은 안정적이고 편안한 거지만 편안함을 얻는 대가로 뜨거움을 포기해야 한다. 사랑꾼이라면 친밀감을 경계해야 한다.

헌신과 열정이 결합된 사랑은 고통스럽다. 스턴버그 교수 말대로 열정적이면서 헌신까지 하면 얼빠진 사랑이 맞다. 그 헌신은 대부분 법적인 의무로 얽히지 않은 연인 관계에서 일어나는 일이며 일방적이기 쉽다. 그 헌신은 돌려받을 수 없다는 점 때문에 숭고하면서 위험하다. 열정이 식고 나서 정신을 차리고 보면 남은 것은 피폐해진 정신과 육체뿐이라는 것을 깨닫게 된다. 즐거운 일은 그냥 즐겨야 한다. 헌신은 가족 간의 일이다. 당신이 나서지 않아도 된다. 그 혹은 그녀가 어려움에 처했다면 그의 부모, 그의 형제, 그의 아내가 그를 위해 무언가 해줄 것이다.

헌신은 친밀감과 짝이다. 가족은 친밀감과 헌신으로 유지되는 공동체다. 프리드리히 니체는 "결혼이 불행해지는 이유는 사랑이 부족해서가 아니라 우정이 부족해서"라고 했다. 가족 간 우정이 유지되려면 친밀감이 바탕이 되고 헌신이 뒷받침되어야 한다. 그런데 여기에서의 문제는 특정인의 헌신만이 존재한다는 점이다.

과거에는 어머니이자 아내인 여성의 희생이 컸지만, 최근에는 가장 역할을 떠맡은 남성의 희생이 더 흔하다. 뼈 빠지게 돈 벌어 주택 대출 갚고 나면 고혈압, 당뇨가 찾아온다. 머리 빠지고, 배 나오고, 발기까지 불능인 삼중고에 시달리게 되는 게 이 시대의 아버지다.

그렇다면 헌신 없이 친밀감만 존재하는 가족은 존재할까. 이는 열정으로 결속된 노부부처럼 희귀하다. 가족은 결코 친밀감만으로 존재할 수 없다. 현실 생활의 무게를 지탱하기 위해서는 서로서로 조금씩 희생해야 한다. 니체가 말했듯 우정이 부재한 부부는 결국 헤어지게 되어있다. 가족이라는 것은 사랑보다 의리를 동력으로 하는 생명체다. 그만큼 대단한 각오가 따르는 게 결혼이다. 누군가 그랬지.

"결혼은 혼자 있었으면 생기지도 않았을 문제들을 둘이서 애써 해결하려는 시도다."

캐서린과 맺어지지 못한 것은 히스클리프에게 축복일지 모른다. 언쇼가와 린턴가를 멸절시켰을지언정 캐서린에게 증오감은 느끼지 않았으니까.

버건디 오렌지는 오렌지색이 아닌 오렌지다. 알고 보면 그게 그것이 아닌 경우가 많다. 하늘색, 살색이 그렇고 똥색이 그렇다. 색깔에 사물의 이름을 갖다 붙이는 순간 그 색은 과녁을 빗나가버린다. 정확하게 그 색이라 말할 수 있는 색은 없다. 하늘은 매일매일이 다르고 살색은 사람마다 다르니.

블러드 오렌지 과육을 처음 보았을 때, 시커먼 것이 썩은 줄 알았다. 하지만 맛을 본 다음에 알았다. 세상에 블러드 오렌지만큼 맛있는 과일은 없다는 것을. 일반 오렌지와는 비교조차 할 수 없다.

블러드 오렌지의 고향은 이탈리아 시칠리아 섬이다. 온 세계 농부들이 시칠리아산 블러드 오렌지 같은 오렌지를 만들고 싶어 품종 개량을 시도해왔다. 결론은 모두 실패. 시칠리아 오렌지는 살짝 라즈베리 맛이 나면서 베리Very 프레시한데 이런 풍미를 살린다는 게 쉬운 일이 아니다.

열매란 게 그렇다. 씨앗도 중요하지만, 토양이 중요하다. 토양은 단순한 흙이 아니다. 그 지역의 바람, 햇살, 기온, 강물, 역사가 스며 있다. 시칠리아는 밤은 춥고 낮이 덥다. 이런 기후는 과일을 미치게 만든다. 극과 극을 오가는 상황에 처했을 때 과일에게는 두 가지 선택지가 있다. '그만 괴롭고 싶어' 하면서 스스로 도태되거나 '물러설 수 없어' 정신으로 더 강해지거나.

그러니까 타는 듯한 뜨거움으로 온몸이 벌겋게 달아올랐다가, 이가 딱딱 부딪을 정도의 차가움으로 냉동되었다가 하는 시간을 시칠리아 오렌지는 이를 악물고 견딘 것이다. 약이 바짝 오르니 맛이 달 수밖에. 색이 진해질 수밖에.

사람도 둘이다. 술이나 약물에 의지해 고통을 잊으려는 사람, 틀어지지 않기 위해 불굴의 의지를 발휘하는 사람. 후자의 경우 가까스로 정상인으로 살게 되는데 여기서 한 발 나아가 극한 상황을 즐길 수 있다면 그는 성공한 인생을 살았다고 할 수 있다. 이런 사람에게서는 시칠리아산 블러드 오렌지 같은 '자기 갱신'의 향기가 난다.

시칠리아산 블러드 오렌지는 모두 세 종. 가장 먼저 세상에 선을 보인 것은 상귀넬로Sanguinello다. 세계적으로 가장 많이 팔려나간 오렌지라고 하는데 살짝 더 달콤한 타로코Tarocco가 등장하면서 1위 자리를 내주게 됐다. 제주도에서 키우는 블러드 오렌지가 타로코 품종이다.

세 번째 모로Moro는 과육 색깔이 빨갛다 못해 검은색에 가깝다. 진한 핏빛으로 인해 '죽기 전에 꼭 한 번 먹어봐야 하는 과일' 목록에 이름을 올릴 수 있었다. 보기에 너무 섬찟해 맛이 있을까 싶지만 한번 혀에 닿으면 자기 존재를 확실하게 각인시킨다.

여행 이야기: 시네마천국의 무대 시칠리아

• • • 블러드 오렌지는 이탈리아 시칠리아 현지에서 먹어야 제맛이다. 시칠리아는 장화처럼 생긴 이탈리아반도 끝에 딱 차기 좋게 생긴 축구공처럼 생겼다. 이래 봬도 지중해에서 가장 큰 섬이다. 크기로 따지면 우리나라 전라도보다 조금 크다.

시칠리아는 세계적으로 마피아의 본거지로 잘 알려져 있다. 하지만 1993년 '두목 중의 두목' 살바토레 토토 리이나가 검거되면서 마피아는 사실상 힘을 잃었다.

로마, 피렌체, 밀라노처럼 유명한 관광지를 다수 거느린 이탈리아에서도 시칠리아는 꼭 한 번 가봐야 하는 여행지로 꼽힌다. 시칠리아에 처음 발을 디딘 사람은 이곳이 황량해서 놀라곤 하는데, 언뜻 미 서부의 모습도 스쳐 지나간다. 황량하고 거친 토양과 언제 분출할지 모르는 화산, 그리스 로마 유적은 또 왜 그렇게 많은지. 이슬람 왕국의 흔적까지도 보인다. 그런가 하면 눈부시게 푸른 지중해를 배경으로 고급 리조트도 꽤 많이 들어서 있다.

시칠리아로 가려면 이탈리아 본토에서 국내선 비행기를 타는 것이 일반적이다. 기차를 탈 수도 있다. 본토와 섬 사이에 아직 다리가 놓이지 않아 거대한 배가 기차를 통째로 싣고 메시나 해협을 건넌다.

시칠리아에서 가장 먼저 방문하게 되는 곳이 팔레르모다. 팔레르모 중앙광장 콰트로 칸티Quattro Canti는 '네 모퉁이'라는 뜻인데 네 개의 코너를 화려한 건물과 조각상이 감싸고 있다. 팔레르모 대성당은 카메라 프레임에 다 들어오지 않을 만큼 압도적인 규모를 자랑하며, 마시모 극장은 이탈리아에서 가장 큰 오페라하우스로 정평이 났다.

시라쿠사는 영화 《말레나》 촬영지로 대중적인 인지도를 얻었다. 영화 개봉 전에는 '눈물을 흘리는 성모상'을 보기 위해 가톨릭 신자들이 방문하던 곳이었다.

드물긴 하지만 시라쿠사를 고대 그리스의 수학자 아르키메데스의 고향으로 기억하는 사람들도 있다. 아르키메데스와 관련해서는 그가 목욕을 하다가 과학 법칙을 발견한 일화가 널리 알려져 있다. 그러나 가장 매혹적인 일화는 원기둥과 구 사이의 비밀을 밝힌 일일 것이다.

"이보다 아름다운 것은 없을 거야. 내가 죽으면 이 발견을 묘비에 새겨주게."

스스로 묘비에 새겨달라고 유언을 남길 정도의 발견이란 '구슬 : 원기둥'의 부피가 정확히 '2 : 3'이라는 사실이다.

시라쿠사를 방문하면 기원전 212년, 아르키메데스가 묻힌 네크

로폴리스(묘지)를 방문할 수 있다. 원기둥에 갇힌 구슬의 모습이 부조된 묘비를 잘 찾아보자. 2000년도 더 전에 새긴 것인 만큼 그 자국이 매우 희미하다는 것은 알고 가자.

그밖에 유럽 대항해 시대, 귀족과 왕족의 최종 목적지였던 타오르미나를 비롯해 영화 《시네마천국》의 촬영지 팔라조 아드리아노, 에트나 화산이 있는 도시 카타니아도 시칠리아의 빼놓을 수 없는 명소다.

《버건디, 와인에서 찾은 인생》은 '버건디'에 관한 영화고, 와인에 관한 영화이자 인생에 관한 영화다. 영화의 원제목은 '부르고뉴, 와인에서 찾은 인생'. 동프랑스의 유명한 와인 산지 부르고뉴의 영어식 발음이 버건디니까 어떻게 읽어도 상관은 없다.

얼마나 부르고뉴가 와인으로 유명하면 도시 이름이 색깔 이름이 되었을까. 와인에서 인생을 찾았다고 하니까 술을 마시면서 인생을 찾은 걸로 오해하면 안 된다. 누구도 술에 의지해 인생을 찾을 수 없다. 인간은 인생의 고통을 망각하기 위해 술을 마시지만, 고통을 망각함으로 죽음에 이른다. 고통은 인간을 살아있게 만드는 힘이 있다. 자신의 고통을 똑바로 응시하고 인정하는 사람은 결코 알코올홀릭의 함정에 빠지지 않는다. 깨어 있으라는 말은 그래서 동서고금의 진리로 통한다.

영화 주인공인 장, 줄리엣, 제레미 삼남매는 포도를 수확하고 와인을 빚으면서 인생을 알아간다. 와이너리 처분 문제, 와인 제조법으로 인한 형제간의 갈등, 이웃에 대한 공분이 이들을 성장시킨다.

알다시피 와인은 발효과학의 결정체다. 발효라는 것은 좋은 균이 대상을 화학적으로 변화시키는 행위를 말하는데 '새사람이 됐다'는 말은 사람이 잘 발효됐다는 것을 의미한다. 단순히 물리적으로 눈이 커지고 코가 오똑해진 것과는 다르다.

영화는 포도 재배부터 수확, 포도 으깨기, 숙성에 이르는 와인 제조 과정을 한눈에 보여준다. 그중 봄, 여름, 가을, 겨울로 이어지는 부르고뉴 포도밭의 사계 영상이 압권이다. 시간의 흐름을 병 하나 크기로 압축한 게 와인인 것처럼 1년간 찍은 농장 풍경을 한 장면에 깔끔하게 담아냈다.

프랑스는 유행을 선도하는 멋쟁이들의 나라면서 농업국이다.

프랑스 전역에는 와인을 제조하는 와이너리가 널려 있다. 와이너리란 양조장을 뜻하면서 포도밭이라는 의미가 있다. 부르고뉴는 남서부 보르도와 함께 프랑스 와인 역사를 이끌어온 쌍두마차로 꼽힌다.

와인은 7000년 전 중동 일대에서 처음 마시기 시작한 것으로 알려져 있다. 수질이 워낙 안 좋다 보니 음료 대신 포도즙을 마시기 시작했는데 발효시켜 술로도 즐기게 됐다. 중동의 음료였던 포도주를 서방 세계에 퍼트린 것은 로마인이다. 기독교가 국교가 되기 전부터 고대 로마에서는 병사들에게 생필품으로 포도주를 지급했다. 그러다 보니 로마 가도를 따라 포도밭이 조성됐던 것. 오늘날 이탈리아는 세계에서 가장 많은 양의 포도주를 생산하는 국가다.

이렇게 보면 이탈리아가 '포도주의 나라'가 되어야 맞다. 그런데 어떻게 프랑스가 포도주의 나라라는 명성을 얻게 된 걸까. 이것은 국가적 컬러와 밀접한 연관이 있어 보인다. 역사서를 읽어보면 이탈리아 사람들은 형식에 관심이 많다. 자연스럽게 겉으로 드러나는 패션, 건축에 대한 안목이 발달했다. 반면 내용을 중요시해온 프랑스인은 감각의 기억 외엔 별다른 증거를 남기지 않는 미식에 대한 식견을 풍성하게 확보한 듯하다.

프랑스 사람들은 이탈리아의 음료였던 와인을 산지, 품종, 생산연도에 따라 엄격하게 품질을 구분해서 와인 고유 등급인 크뤼Cru라는 개념을 발명했다. 포도주의 맛과 품질을 정교화시키고 정교화시킨 끝에 오늘날 프랑스가 와인의 나라가 된 것.

다시 버건디 이야기로 돌아가서, 부르고뉴를 대표하는 와인 품종으로 레드 피노누아Pinot Noir와 화이트 샤르도네Chardonnay가 있다. 부르고뉴 남쪽 마을인 보졸레에서는 병에 담은 직후에 마셔야 더 맛있는 '보졸레 누보'가 생산된다.

한편 로마네콩티Domaine de la Romanée Conti는 부르고뉴 중에서도 최고 좋은 밭에서 나는 피노누아 품종으로 만든 와인이다. 좋은 것은 1000만 원이 넘고, 평범한 것조차 몇 백만 원씩 한다. '나무위키'에 로마네콩티는 이렇게 설명되어 있다.

"일관되고 투명한 루비 컬러에, 오래된 포도나무에서 나오는 달콤하고 풍부한 향, 써머 푸딩과 약간의 스파이시를 동반한 환상적인 향을 느낄 수 있다. 입 안에서는 우아하고 힘이 넘치며, 신선한 과일의 깊고 단단한 균형이 느껴진다. 짙은 농도, 섬세하면서도 강한 구조감, 실크와 같이 부드러운 집중도, 멋진 순수함, 피니시에서는 무겁지 않은 힘을 자랑한다. 이 같은 매력 덕분에 마법과도 같은 와인이라고 일컬어진다."

이것이 한국어 맞나? 신선한 과일의 깊고 단단한 향이 대체 무슨 뜻인지, 섬세하면서 강한 구조감은 또 무슨 뜻인지 나 같은 와인 문외한은 도무지 알 수가 없다. 아무튼 대단한 와인이라는 말 같다.

이쯤에서 이야기를 접기는 아쉬우니 간단하게 용어만 확인하고 넘어가자. 와인 제조에 있어 가장 중요한 것은 산지다. 논이 달라지면 밥맛도 달라지는데 와인은 말해 무엇하랴. 여기서 알아둬야 할 개념이 땅을 뜻하는 떼루아Terroir다. 포도가 잘 되는 땅은 대체적으로 강변 마을 동쪽 기슭이다. 공기가 잘 통하면서 아침 해가 잘 들고 배수가 잘되는 땅이 좋은데 토질은 나쁠수록 좋다. 포도는 다른 과일과 달리 척박한 땅에서 잘 자라는 과일이다. 척박한 환경에서 재배된 소량의 포도가 가장 맛있는 포도주를 만든다. 그 대표적인 장소가 부르고뉴다.

땅 조건이 충족돼도 시기가 딱 맞아야 한다. 보통 늦여름에서 초가을로 넘어갈 때 포도를 딴다. 대체로 포도꽃이 핀 지 100일이 경과한 후다. 꽃 피고 백일기도에 들어가면 딱 맞게 열매를 수확할 시기가 된다. 이렇게 수확한 포도는 곧 압착에 들어간다. 영화 《버건디, 와인에서 찾은 인생》의 삼남매는 전통적인 압착법에 따라 포도를 발로 밟아 으깨는 모습을 보여준다. 이 과정에서 포도 껍질에 하얗게 붙어 있던 효모가 포도즙에 섞여 들어가 발효를 돕는다.

압착 후 레드와인은 28~30도에서 열흘가량, 화이트와인은 18~20도에서 보름 가까이 숙성 기간을 갖는다. 마지막으로 오크통에 담기면서 포도주는 긴 수면에 들어간다. 보통 술을 익힐 때 우리나라는 진흙 옹기를, 서구에서는 오크통을 사용하는데 이 같은 자연친화적 용기에는 미세한 구멍이 뚫려 있어 수분의 유출은 막고 공기의 흐름은 허용한다.

특히 오크통은 포도주의 산패를 막고, 와인의 맛과 향을 높이는 기능이 있다. 최근 들어 자동으로 온도 조절이 가능한 스테인레스통이 널리 쓰이고 있지만 어디에나 고집쟁이는 있는 법이어서 오크통이라야만 하는 와이너리도 많다. 대표적으로 부르고뉴의 샤르도네가 그렇다.

포도주 오크통 가운데 으뜸으로 치는 것은 프랑스 리무쟁Limousin, 네베르Nevers에서 벌목한 나무라고 한다. 여기서 자란 나무에서는 바닐라 향이 나서 와인 풍미를 좋게 만든다. 북미 대륙에 그렇게 많은 오크 나무가 자라는 데도 미국 캘리포니아 고급 포도주 회사가 프랑스산 오크통을 수입해 사용하는 이유다.

숙성이 끝나면 와인이 잘 익었는지 음미하는 테이스팅과 와인병을 개봉한 후 다른 병에 와인을 옮겨 담는 디캔팅Decanting이

이루어진다. 그냥 마셔도 되는 것을 이렇게 옮겨 담는 것은 공기 중의 산소와 접촉하면서 와인 맛이 더욱 좋아지기 때문이다.

그밖에 알아두면 좋은 용어로 빈티지Vintage가 있는데 포도가 수확된 해, 곧 와인 제조일자를 말한다. 전반적으로 포도 농사가 잘된 해가 있고, 안 된 해가 있어 빈티지에 따라 와인의 가치가 달라진다.

스월링Swirling은 와인을 잔에 따른 후 잔을 둥글게 돌려주는 행위다. 잔을 돌리면서 와인의 아로마가 공기 중으로 섞여든다. 커피를 좋아하는 사람도 그렇지만 와인 애호가도 입으로 맛보기 전에 코로 음미할 때의 행복감을 즐긴다.

스월링 이야기가 나왔으니 말인데, 인간의 됨됨이도 스월링할 때 드러나는 법이다. 인간의 스월링이란 '말'이다. 잠깐이라도 대화를 나누어보면 그 사람이 어떤 사람인지 알 수 있다. 인간이 와인과 다른 것은, 와인은 농부가 포도를 정성들여 키우고 잘 발효시키면 품질이 좋아지지만, 인간은 반드시 자기 의지로서 발효해야 한다는 사실이다. 한동안 먹이고 재우고 가르치는 것은 부모의 몫이지만, 결국 좋은 향기는 평생을 두고 자신의 의지로서 일궈내야 한다.

우체통을 들여다보며 한참 동안 고뇌하던 아이가 휴대폰을 꺼내 네이버 지식인에게 물어본다. "우체통에 편지 넣을 때 돈 안 내도 되는 건가요? 우체통에 편지를 넣을 때는 그냥 넣고 가면 되나요?" 지나가던 진지한 지식인이 진지하게 답을 달아준다.

"우표를 붙여야 합니다. 그런데 우표도 결국 돈을 지불하고 사야 하는 것이니 돈 내는 것과 똑같습니다. 우표 붙이지 않고 우체통에 넣으면 보낸 사람에게 반송되거나 수취인에게 부족분의 2배에 해당하는 요금을 징수하게 됩니다. 규격봉투 사용 시 무게가 25그램이라면 330원 우표 한 장, 비규격봉투 사용하면 420원 우표(50그램까지 가능) 한 장을 붙인 뒤 우체통에 넣습니다. 수거하고 평균 4일 정도 걸려 배달됩니다."

나도 스마트폰을 꺼내 네이버 지식인에 묻고 싶어진다. 우표라는 개념을 이 아이만 모르는 걸까요? 대한민국 아이들 대부분이 모르는 것은 아닐까요? 우체통이 편지 부치는 데란 걸 아는 것만도 기특하게 생각해야 하는 시대인 건가요? 이런 질문에 성심껏 대답한 사람은 우체국 직원일까요? 인터넷 메일처럼 오프라인 메일도 공짜라고 생각하는 게 일반적인가요? 이런 질문을 읽고 격세지감 느끼는 나는 구세대인가요? 학교에서 아날로그 물건 사용법을 가르쳐야 할 때가 된 것은 아닌가요?

얼마 전까지만 해도 네이버 지식인에 디지털 기기 사용법을 묻는 질문이 많았는데 이제는 우체통 사용법 같은 아날로그 지식을 묻는 사람이 더 많다. 이유는 다르지만 나 역시 우체통 앞에서 저 아이처럼 고뇌한 기억이 있다. 밤새 쓴 연애편지를 부칠까 말까 얼마나 망설였는지. 부치고 후회하고, 안 부치고 아쉬워하고 그랬는데 지금은 이메일조차 사용하지 않는다.

점점 사라져가는 우체통을 되살리기 위해 다양한 관광상품이 개발되고 있다. 속도만 갖고는 카톡(카카오톡), 페메(페이스북 메신저)와 경쟁할 수 없으므로 거꾸로 '느림의 미학' 마케팅을 시도하는 것.

국내 명소를 다니다 보면 '느린 우체통'이란 것을 목격하게 된다. 어느덧 지방자치단체 관광사업이 된 느린 우체통은 1년 뒤 수신인에게 편지를 배달해주는 시스템이다.

이 대목에서 영화《편지》가 떠오르는 것은 우연이 아니다. 남편이 세상을 떠나면서 살아갈 의욕을 잃은 정인(최진실)에게 죽은 남편 환유(박신양)의 편지가 배달된다. 남편이 저세상에서 보낸 편지가 최진실에게 살아갈 힘을 준다는 요지의 영화다.

느린 우체통 덕에 우리도 박신양 흉내를 낼 수 있게 됐다. 환유처럼 느린 우체통을 찾아 미래의 나에게, 그녀에게, 부모에게 편지를 써보면 어떨까. 나에게 쓰는 편지는 초심을 잃지 않게 해줄 것이고, 주변 사람에게 쓰는 편지는 삶의 윤활유가 되어 줄 것이다.

여행 이야기: 최초의 '느린 우체통'과 등록문화재 우체통

• • • '느린 우체통'이 가장 먼저 생긴 곳은 인천공항 가는 길 영종대교휴게소다. 이 휴게소는 2009년 5월부터 느린 우체통을 운영했는데 아이디어를 낸 사람은 ㈜신공항하이웨이의 김창근 씨. 우표를 붙이지 않아도 이 우체통에 편지를 넣으면, 그로부터 1년이 되는 날에 기재된 주소로 편지를 받아볼 수 있다. 신공항하이웨이에서 편지를 잘 보관하고 있다가 배달일에 맞춰 우체국으로 편지를 전달하는 것이다.

이후 서울 북악스카이웨이 팔각정, 강릉 정동진 해변 시간박물관, 전남 신안군 가거대교휴게소, 중부내륙고속도로 지선 현풍휴게소, 경남 창원 의창구의 주남저수지 전망대, 창원의 집 후문에도 느린 우체통이 생겼다. 그리고 울산 간절곶 '소망 우체통', 여수 오동도등대 '달팽이 느림보 우체통', 부산 동구 '유치환 우체통'은 스토리텔링이 덧입혀지면서 더욱 유명해졌다.

우리나라에 문화재 우체통이 있다는 사실을 아는가. 바로 소록도에서 사용하던 우체통이다. 등록문화재 제438호로 명명된 이 소록우체국 우체통은 영국이나 일본의 것처럼 원통형에 붉은색이다.

1945년 광복 직후에는 우리도 이 같은 우체통을 사용했다.

우체통 옆면 '소록우체국'이라는 글씨와 '우'라는 돋을새김은 이 아이가 살던 공간과 시대를 말해준다. '우'자는 초기 우체국 심벌로, 70년 세월이 흘러 우체통 색은 바라고, 녹이 앉았지만 나보다 훨씬 먼저 태어난 그들이 겪었던 고뇌를 읽어내는 데는 부족함이 없다. 우체통은 그런 거니까.

'과연 내 사랑을 받아줄까. 이 편지를 부쳐야 하나 말아야 하나 그것이 문제로다.' 우체통 앞에서 수없이 망설였을 순진한 구애자들.

현재 문화재 우체통은 전남 고흥 소록도가 아닌 충남 천안 '우정박물관'에 전시되어 있다. 우정박물관을 방문하면 마당에 주차된 우편열차 1량, 세계의 우체통, 시대별 우표, 특이한 우표, 세계의 우표, 시대별 집배원복 등을 관람할 수 있다.

버건디 유로: 액자에 넣고 싶은 돈

버건디 유로는 꿈의 지폐다. 유로 지폐 가운데 500유로짜리가 버건디 색이다. 어마어마하지 않은가. 65만 원짜리 지폐라니. 10만 원권조차 찍지 않는 우리나라 입장에서 500유로는 믿기지 않은 화폐다. 지폐 한 장으로 비행기표도 사고, 호텔 숙박권도 사고, 캐시미어 코트도 살 수 있다.

일설에 의하면 화폐의 기원은 공동체 안에서 발생하는 신체적 피해를 보상하기 위한 것이었다. '눈에는 눈, 이에는 이'와 같은 보복성 징벌의 폐해가 적지 않다 보니 피해의 정도를 계량하기 위해 화폐를 발명한 것이다. 피해자 입장에서도 멀쩡한 남의 눈 후벼파 봤자 뭐하겠나. 속이야 좀 시원하겠지만 현실적으로 빵과 고기를 살 수 있는 돈으로 되돌려받는 것이 이득이다. 화폐는 말 그대로 피 값Blood Money이었던 셈이다. 그런 점에서 500유로 지폐의 컬러가 버건디라는 것은 화폐의 기원을 가장 축자적으로 보여준다고 할 수 있겠다. 그 자체로 '블러드 (색) 머니'가 아닌가.

여기서 짚고 넘어갈 것은 유로 지폐의 독특한 외관이다. 보통 지폐는 국가적으로 공을 세운 위인이 도안되어 있는 게 당연시된다. 하지만 유로화의 주인공은 사람이 아니다. 유로가 연합체이다 보니 특정 국가의 위인을 내세운다는 것이 곤란한 일이었을 것이다.

그래서 유로화에는 건축물이 도안되어 있다. 유로화는 근현대부터 고대에 이르는 유럽 건축의 역사를 기술한다. 유럽 19개국에서 통용되는 7개 유로화 디자인을 살펴보면 앞면에는 건물의 문과 창문이, 뒷면에는 다리가 그려져 있다. 적은 액수권이 가장 옛날 건축물이고, 큰 액수권으로 옮겨올수록 현대건축과 가까워진다.

유로 지폐의 가장 작은 단위는 5유로인데, 5세기 고대 그리스 로마 양식이 표현되어 있다. 고대 건축의 특징은 균형과 안정이다. 도리아식, 이오니아식, 코린트식 건축 스타일이 그 전형으로 이탈리아의 콘스탄티누스 황제의 개선문, 콜로세움, 판테온이 대표적인 예라고 할 수 있다.

10유로에는 11세기 로마네스크 양식을 보여준다. 로마네스크가 '로마 같은'이란 뜻인 만큼 고대 로마시대 석조 건축을 참고했다. 아치형 기둥과 이를 떠받치기 위한 두꺼운 벽이 특징이다. 대표적으로 이탈리아의 피사 대성당이 있다.

20유로는 13세기 중세 고딕 양식을 재현한다. 고딕 양식의 전형은 수직감이 느껴지는 수많은 창이다. 독일 쾰른에 있는 쾰른 대성당을 떠올리면 바로 느낌이 온다. 쾰른 대성당은 두 개의 거대한 탑이 상징인데, 정작 중세인들은 설계만 해놓고 기술적인 문제로 손도 못 대고 있다가 19세기 산업혁명 이후 후손들이 완성했다고 한다. 엄밀히 말하면 중세 쾰른 성당도 근대 건축 기술의 산물인 셈이다.

50유로에서는 15세기 르네상스 건축 양식을 엿볼 수 있다. 르네상스 이전의 유럽 건축이라고 하면 대부분 성당을 위한 설계였다. 어떻게 하면 신의 영광을 보다 잘 드러낼 수 있을지에 대해 고민하다가 문예부흥시대에 접어들면서 건축가는 신보다 인간에 더 관심을 두게 되었다.

이들은 공공건물, 일반 주택에도 건축예술 개념을 도입하는데, 인본주의 시대인 그리스 로마 시대를 재인식하는 것을 골자로 한다. 아테네에서 볼 듯한 고전적인 기둥이 건축에 적용된 것은 그 때문이다. 르네상스 양식은 피렌체에서 시작해 이탈리아 전체로 퍼져나갔다. 이 시기를 대표하는 건축물로 로마 바티칸의 베드로 성당이 있다.

100유로 지폐에는 17세기 바로크 건축물이 그려져 있다. 바로크 양식은 르네상스의 인본주의에 저항해 신의 승리를 못 박고 싶어했다. 하지만 위압적인 신이 아니라 인간의 감정을 헤아리는 인격적인 신의 모습을 표현하고 있다. 대표적으로 프랑스 베르사유 궁전, 이탈리아의 트레비 분수를 들 수 있다.

200유로에 담겨 있는 건축물은 19세기 아르누보 양식이다. 아르누보는 프랑스어로 '새로운 미술Art Nouveau'을 뜻한다. 아르누보는 꽃이나 덩굴식물에서 따온 이미지를 차용하기 때문에 장식적인 곡선이 특징이다. 이 양식은 가우디 건축에 이르러 정점을 찍는다.

마지막 500유로에는 근대건축이 새겨져 있다. 모더니즘 건축이라고도 부르는 근대건축은 권위를 지양하고 시민 사회에 적합한 현실적인 건축물의 모습을 보여준다. 돌과 벽돌에 얽매이기보다 유리와 철, 시멘트를 자유롭게 사용하는 것이 특징이다. 지적이면서 미니멀한 모더니즘 사조는 20세기 초반 패션, 가구, 문학 등 문화예술 전반에 걸쳐 영향력을 행사한다. 르 코르뷔지에는 근대건축 최고의 공헌자다.

예술의 나라 이탈리아가 2016년, 미래를 짊어질 청년의 문화생활을 보장한다는 명분으로 만 18세가 되는 청년들에게 1인당 500유로를 지원하는 파격을 단행했다. '18app'으로 명명된 이 돈은 책이나 공연 티켓, 박물관 입장권 구입에 사용할 수 있는데 이탈리아판 '청년수당'인 셈이다.

500 EURO

500유로 지폐를 일일이 나눠준 것은 아니고, 애플리케이션을 통해 지급했다. 그래서 앱 이름도 '18app'이다. 정식 체류허가증만 있다면 18세 외국인도 수혜대상자에 포함시켰다니 정말 통 큰 나라 아닌가.

"이웃집 애가 우리 집에 놀러왔는데 우리 애 아니라고 세뱃돈 안 주고 그라믄 되겠습니까?"

이탈리아 정부는 이 놀라운 문화상품권 이벤트를 위해 2억 9000만 유로(약 3675억 원)을 쏟아부었다. 시행일은 2016년 9월 15일부터 그해 연말인 12월 31일까지. 이 이벤트로 약 57만 5000명이 수혜를 입었다.

안타까운 소식이 있다. 유럽중앙은행이 2018년부터 500유로 지폐 발행을 중단하기로 결정했다. 액수 단위가 크다 보니 불법자금으로 악용되는 일이 잦기 때문이라고. 물론 돈의 가치가 사라지는 것은 아니니 이미 시중에 풀린 지폐는 계속 통용된다.

특정 지폐의 발행이 중단되는 경우 세월이 지나면서 액면가보다 더 비싸게 거래된다. 우리나라 500원권 지폐가 그렇다. 500유로도 그렇게 되는 거다. 사용하기 위해서가 아니라 투자 목적으로 한 장 갖고 싶어지는 돈이다.

버건디 자물쇠: J와 Y는 여전히 사랑할까

자물쇠는 다리 파괴범이다. 세계 유명 여행지에 가면 '사랑의 자물쇠'라는 걸 볼 수 있다. 사랑의 자물쇠는 '우리 사랑 변치 말자' '우리 사랑 달아나지 않게 자물쇠로 꼭꼭 잠그자' 이런 의미를 담고 있다. 주로 다리 난간에 매다는데, 이는 자물쇠를 잠근 후 열쇠를 강물에 던져버리기 위해서다. "이 자물쇠 이제 못 연다!"

파리 센 강 숱한 다리 중에서도 '사랑의 자물쇠'로 유명한 곳이 예술의 다리 퐁데자르Pont des Arts다. 인근에 예술궁전이 있어서 그런 이름이 붙었는데 원래 이름보다는 '사랑의 다리'로 더 유명하다. 연인들이 매단 자물쇠 때문이다.

155미터에 이르는 퐁데자르 난간에는 100만 개의 자물쇠가 매달려 장관을 연출했다. 보기에는 좀 아슬아슬했는데 아니나 다를까. 난간 일부가 자물쇠 무게를 견디지 못하고 무너져버렸다. 이에 파리시는 난간을 해체한 뒤 그 자리를 그래피티 벽화로 대체했다. 수거한 100만 개의 사랑은 고철로 매각, 불우이웃돕기에 사용했다고 한다.

'사랑의 자물쇠' 기원은 이탈리아 작가 페데리코 모치아Federico Moccia의 소설 『하늘 위 3미터』라고 한다. 이 책의 주인공 스텝과 바비가 로마에서 가장 오래된 다리 폰페 밀비오Ponte Milvio 난간에 사랑의 자물쇠를 채우는 것을 보고 너도나도 따라하게 됐다고.

전 세계에 사랑의 자물쇠가 없는 데가 없다. 그럼 되는 강에는 전부 자물쇠가 매달려 있다고 해도 과언이 아니다. 파리 센 강 '대주교의 다리'로 불리는 퐁드아쉬베쉐Pont de l'Archevêché, 뉴욕 이스트 강 '브루클린 다리', 류블랴나 류블랴나차 강 '도살자 다리', 쾰른 라인 강 '호엔촐레른 다리', 더블린 리피 강 '하페니 다리'가 세계적인 사랑의 자물쇠 명소로 통한다.

그렇게 사랑이 좋을까 싶다. 사랑은 밥에서 피어오르는 김 같은 거 아닌가. 사랑은 덧없다. 사랑은 변한다. 사랑은 변해 우정이 되고, 의리가 되고, 이별이 된다. 모든 사랑은 결국에는 다른 무언가가 된다. 변하지 않기 위해 반추하고 반성하고 점검하고 노력해도 다른 도리가 없다. 다시 말하면 사랑은 변하기에, 처음과 같은 그런 사랑을 붙잡을 수 없기에 귀중하고 안타깝고 소중한 것이다.

'사랑'의 자물쇠는 결국 '사람'을 잠그는 자물쇠인 셈이다. 연기처럼 사라질 매력에 반하기보다는 오래 함께해도 좋을 괜찮은 사람을 만나는 것이 우선일 것이다. 처음과 같지 않은 다른 무언가로 변한다 해도 그 또한 사랑이라고 불러도 좋은 그런 사람과 만나는 것이 최선이다. 그런 점에서 '사랑의 자물쇠' 반대 캠페인을 벌이는 'No Love Locks' 단체의 말에 귀담아들을 필요가 있다.

"진정 파리를 사랑한다면 자물쇠 다는 것을 그만두어요. 연인보다 파리를 더 사랑할 필요가 있다는 것을 알아야 해요."

버건디 자수정: 모래와 보석 사이

버건디 수정은 철든 보석이다. 2월의 탄생석 자수정은 푸른 듯 붉은색을 띠고 있다. 예부터 푸른 기운은 하늘을 뜻하고, 붉은 기운은 사람의 피를 뜻한다고 해서 자수정은 '하늘과 인간을 이어주는 보석'으로 여겼다.

세계 5대 보석으로 꼽힌다고 하지만 자수정은 사실 모래알만큼이나 흔한, 아니 모래알 그 자체인 석영의 변종이다. 석영이지만 철분이 섞여 자색을 갖게 되었고, 보석 반열에도 오르게 된 것. 자수정은 색이 레드와인에 가까울수록 고가다.

울산 언양 자수정동굴에서 캐낸 자수정이 바로 이 핏빛 레드와인 자수정이다. 세계적으로 브라질 자수정이 유명하지만 붉은 빛이 없는 평범한 보라색일 뿐이다. 빛의 발산율이나 투명도에 있어서 언양 자수정이 더 매혹적이라고 말할 수 있겠다.

자수정은 보통 화강암 내부 빈 공간에서 발견된다. 화산 폭발 때 암석 내부에 물이 갇히는 일이 일어나는데 이때 물속에 녹아 있던 규산이 석영에 달라붙어 결정을 형성한다. 자수정을 '돌의 심장'이라고 표현하는 것은 그 때문이다.

과거에는 자주색이 아주 귀했다. 자연에서 자주색 염료를 채취하는 일이 어려웠기 때문이다. 극소수의 왕족, 귀족, 성직자만이 자주색을 향유할 수 있었다. 귀하디 귀한 자색인 만큼 중세 가톨릭에서는 주교 반지에 자수정을 세팅했다.

성직자들이 자수정을 몸에 지닌 이유가 따로 있다는 말도 있다. 그리스어로 자수정, 즉 아메시스트Amethyst는 '술에 취하지 않다'라는 뜻이다. 서양 사람들은 자수정을 몸에 지니고 있으면 아무리 술을 마셔도 취하지 않는다고 믿었다. 술에서 빨리 깨어나고 싶은 마음은 누구보다 신부들이 간절했을 것.

자수정은 알코올 해독뿐 아니라 전염병 예방, 두뇌 발달에 좋다는 속설이 있다. 실제로 대체의학 쪽에서는 자수정이 방출하는 다량의 원적외선이 인체 신진대사를 활성화시킨다는 원리에 입각해 디톡스에 활용하기도 한다.

자수정에 얽힌 전설은 애닮다. 그리스신화에서 술의 신 바쿠스가 달의 여신 디아나를 사모했으나 그녀는 그의 사랑을 받아주지 않았다. 예술가들이 술기운을 빌려 그분(영감)이 오길 기다리는데, 정작 그분은 안 오시고 예술가는 알코올 중독자가 되어가는 것을 이렇게 표현한 게 아닌가 싶다.

자존심이 상할 대로 상한 바쿠스는 엉뚱한 사람을 화풀이 대상으로 삼는다. "내 앞을 지나가는 사람은 모조리 호랑이에게 잡아먹히리라" 마침 아름다운 소녀 아메시스트가 그 앞을 지나가고, 바쿠스의 사주를 받은 호랑이가 날카로운 발톱을 치켜들며 소녀에게 덤벼든다. 그 순간 디아나가 번개처럼 나타나 아메시스트를 투명한 수정으로 만들어버린다.

바쿠스는 비로소 자신이 어떤 짓을 했는지 깨닫고, 수정으로 변한 그녀의 몸에 포도주를 끼얹으며 애도를 표한다. 바로 이 포도주로 인해 무색투명한 수정이 자수정이 됐다는 이야기다.

여행 이야기: 언양 자수정동굴나라

. . . 우리나라 자수정 광산의 전성기는 1970년대였다. 울산 지역은 대표적인 자수정 생산지로 최근까지 광맥이 발견되고 있다.

울산시 울주군에 있는 언양 자수정동굴나라는 폐광된 자수정 광산을 리모델링해 테마공원으로 꾸민 곳이다. 인터넷 홈페이지를 방문하면 '어린이에게는 꿈과 용기를, 어른에게는 사랑과 휴식을 드린다'는 슬로건이 눈에 들어온다. 꿈부터 용기, 사랑, 휴식까지 한꺼번에 가능한 곳이 설마 있으랴 싶지만, 동굴이라는 데가 원체 뭐가 튀어나올지 알 수 없는 곳이니만큼 최소한 용기가 있어야 진입할 수 있고, 동서고금을 통틀어 동굴에 얽힌 서사가 많으니 꿈의 나라와 관계가 없다 아니할 수 없다. 사랑하는 사람과 함께 방문하면 그 자체로 휴식이니 과대광고는 아니다.

언양 자수정동굴나라는 총 길이 2.5킬로미터의 동굴을 따라가면서 자연 상태의 자수정 원석도 구경하고 동굴 속 수로에서 보트 투어도 즐기는 것이 주요 코스다. 2.5킬로미터라면 지하철로 한 정거장쯤 되는 거리인데 결코 짧지 않다. 그만큼 볼거리도 다양하다.

수로 탐험만 놓고 보면 언양 자수정동굴은 팔라완 푸에르토 프린

세시Puerto Princesa에 있는 '언더그라운드 리버'를 연상시킨다. 팔라완처럼 박쥐가 날아다니는 것은 아니지만 출렁거리는 물결에 혼과 육을 맡기면서 동굴 수로를 유유히 누비는 느낌이 꽤 그럴싸하다.

서울에서 출발하려면 KTX를 이용하는 게 가장 빠르다. 울산역에 내려서는 언양행 시외버스로 갈아탄 뒤 언양 읍내에서 택시를 잡아타면 된다. 울산역에서 택시를 타는 것도 나쁘지 않다. 비용이 거기서 거기다.

버건디 자전거: 운명의 탈것

자전거는 나의 운명이다. 할아버지는 첫 손녀인 나를 끔찍이 사랑해서 내가 갖고자 하는 것은 거의 다 사주셨다. 내리막 골목길을 수초 만에 돌파하던 버건디 세발자전거도 할아버지의 선물이었다.

요즘 아이들은 장난감 벤츠도 쉽게 타지만 당시만 해도 자전거는 잘 사는 집 아이들이나 가질 수 있는 놀이기구였다. 물론 지금 그것들은 내 곁에 없다. 다섯 살 때 할아버지가 돌아가시고, 아버지 사업이 망하면서 짧았던 벨 에포크Belle époque도 막을 내렸다. 우리 가족은 가난 속에 내던져졌다. 우리는 해마다 이사를 다녔다. 짐을 싸고 풀고 반복하면서 내 유년의 전리품은 진즉에 다 사라졌다.

성장하면서 '어떻게 살아야 할까' 고민할 때 안도현 시인의 「나중에 다시 태어나면」이 도움이 됐다.

나중에 다시 태어나면

나 자전거가 되리

생각해보면 내 인생은 지나치게 뜨겁고 과격했다. 정의가 뭔지도 모르면서 불의한 사회에 잔뜩 화가 나 있었고, 나와 다른 생각을 수용할 여유가 없어 타인과 마찰도 잦았다. 나라는 사람은 특정 분야의 전문가가 아니라 말 그대로 향락적 지식 애호가일 뿐인데 그것을 망각하고 나대다가 망신도 많이 당했다. 억지를 큰 목소리로 극복하는 것은 한계가 있었다. 억누를 수 없는 분노만큼 자주 우울했던 시절이었다.

윤곽이 드러나려면 시간이 걸리는 것들이 많다는 사실을 알게 됐다. 안도현의 시처럼 자전거가 되어 그 시간을 기다려보자고 생각했다. 듣고 수용하고 생각하기. 상대의 말을 듣고 내 생각을 더해 중심을 만들어가다 보니 서서히 만져지는 게 있었다. 물론 딜레탕트Dilettante의 장점도 있다. 잡다한 지식이 많다 보니 이것저것 연결시켜 새로운 것을 만들어내는 재주가 생겼다. 하지만 그들에게도 기다리는 시간, 관조하는 태도, 중심을 잡으려는 노력은 필요하다.

안도현의 시를 읽었을 때가 밀레니엄버그니 뭐니 한창 세상이 시끄럽던 2000년 즈음이었다. 나도 남들 따라 네이버 메일 계정이라는 것을 만들었는데 포 발란스For balance라는 주소를 썼다. 균형을 위하여! 닉네임은 '자전거'로 정했다. 19년이 흐른 지금까지 그 두 가지는 그대로 유지하고 있다.

세상 일이 지독하게 어이없이 느껴지고 모든 불운이 내게로 집중되는 것 같을 때 '균형'을 생각했다. 불운도 행운도 모두 체로 흔들어 거르다 보면 평평함에 이르는 순간이 오리니, 지금 그럴 만해서 그렇게 돌아가고 있는 것이라는 생각. 급하다고 아무거나 붙잡지 말자고, 남들이 간다고 등짐 지고 따라가지 말자고 다짐했다. 그렇게 20년 가까이 균형, 밸런스, 자전거… 이 생각만 하고 살았더니 그럭저럭 마음의 평온을 얻었다.

재미있는 일은 내가 오랜만에 정규직 취업을 하게 되었는데 그 회사 이름이 '트래블바이크뉴스'였다는 사실이다. 여행과 자전거를 테마로 하는 온라인 뉴스 매체인데 글로벌 자전거 이벤트가 꽤 많았다. 나는 국제사이클대회로 유명한 2017 홍콩 사이클로톤Hong Kong Cyclothon과 2018 사이클링 시마나미Cycling Simanami에 선수 겸 취재원 자격으로 참가하기도 했다.

홍콩 사이클로톤의 경우 세계적 선수들과 어깨를 나란히 하고 달릴 꿈에 부풀었지만 체력적으로 준비가 안 된 데다 중이염까지 겹쳐 스스로 예선 탈락의 길을 선택했다. 홍콩 도심을 자전거로 달릴 기회였는데 생각할수록 안타깝다.

홍콩 영화 《첨밀밀》을 보면 여명이 장만옥을 자전거에 태우고 침사추이 캔톤로드를 달리는 장면이 나온다. 사실 현실에서는 거의 불가능한 일이다. 사람이 물결을 이루어 보행마저 간단하지 않은 그 복잡한 거리를 자전거로 달린다고? 홍콩 시내에는 자전거도로가 없다. 인도건 차도건 홍콩 시내에서는 자전거 라이딩이 불법이다. 자전거 트레일은 교외 지역인 신계나 사이쿵으로 나가야 만날 수 있다.

홍콩 사이클로톤 대회는 1년 중 유일하게 홍콩 시내를 자전거로 누빌 수 있는 기회다. 카우룽 반도 최고의 번화가 이스트 침사추이에서 출발해, 빅토리아하버 일대 3개 다리, 3개 터널을 통과해 50킬로미터를 달린 끝에 자기 자리로 돌아온다.

자전거 대회가 열리는 하루 동안 홍콩은 온통 축제 분위기다. 여기저기서 공연이 펼쳐지고 푸드트럭이 등장하고 온 거리가 흥겨움으로 들썩인다. 사이클 타이즈를 갖춰 입은 탄탄한 근육의 소유자들이 자기 애마를 끌로 홍콩 도심을 활보하는 모습은 또 얼마나 섹시한가.

2018년 나는 다시 국제 사이클 대회에 참석한 적이 있다. 일본 사이클링 시마나미의 심사를 거쳐 대한민국을 대표하는 선수 겸 기자로 발탁된 것이다. 세계 3대 자전거대회 중 하나로 꼽히는 만큼, 자국인은 물론 전 세계인이 비행기를 타고 와 참가한다. 접수 개시 직후 신청이 마감되기에 빨리 서둘러야 한다.

사이클링 시마나미는 총 7개 코스가 있는데, 그중에서 나는 에히메 현의 이마바리를 출발해, 히로시마 현의 오노미치까지 6개 다리를 건너는 70킬로미터 구간의 코스에 참가했다. 이 대회의 목적은 속도 경쟁에 있지 않다. 그래서 1, 2, 3등 같은 등수도 없다. 세토 내해의 아름다운 경치를 만끽하며 달리는 게 전부다. 어렵게 참가 자격을 얻은 데다 대체적으로 평탄대로인 탓에 7000명 참가자 중 99퍼센트가 완주한다.

D-100. 대회를 100일 앞두고 서울자전거 '따릉이'에 회원 가입을 했다. 퇴근 후 헬스클럽에 들렀다가 자정까지 자전거를 탔다. 또한 전 세계 7개국 미디어 관계자와 합숙 비슷한 것을 해야 하기에 틈틈이 영어회화도 공부했다. 대회날이 다가오면서 점점 걱정은 커졌다. 생각보다 자전거 실력이 늘지 않았고, 영어도 마음대로 되지 않았기 때문이다. 정말이지 안 할 수 있으면 안 하고 싶었다.

결론적으로 대회 참가는 잘한 일이었다. 나는 그래도 20킬로미터는 달릴 수 있지 않을까 생각했는데 12.5킬로미터를 달리는데 그쳤다. 일단 내가 자전거 연습을 한 성북천은 완전 평지여서 하나도 힘들지 않았는데, 시마나미 코스는 겉으로 볼 때만 평지지 실제로는 굴곡이 있었다. 특히 쿠루시마 대교에 진입하는 초반 6킬로미터 구간은 주욱 언덕길을 올라야 했고 이후 6킬로미터는 롤러코스터처럼 미친 듯 달려 내려와야 했다. 어쨌든 이것은 내 느낌이고 웬만한 선수들에게는 평지나 다름없는 코스다.

또한 따릉이는 일본 사람들이 마마챠리ママチャリ라고 부르는 주부용 자전거였는데 대회날 제공된 자전거는 스포츠 사이클이어서 이것 역시 부담스러웠다. 결론적으로 일본 시마나미 측의 엄청난 배려로 나는 무사히 취재를 마쳤을 뿐 아니라 마쓰야마, 이마바리 같은 일본 소도시까지 둘러볼 수 있었다.

홍콩과 일본에서의 자전거 투어를 기회로 나는 이름만이 아닌 현실에서도 진짜 자전거 마니아가 됐다. 운명이 나를 자전거로 데려갔다고 할 수밖에.

여행 이야기: 세계 3대 자전거 투어와 '뚜르 드 코리아'

...17~18세기 유럽 사회에서는 자기 자식의 식견을 넓히기 위해 세계여행을 떠나보내는 게 대유행이었다. 귀족 자제들은 마차 가득 물건을 싣고, 하인을 태우고 길을 떠났다. 그들은 프랑스, 이탈리아, 독일, 네덜란드 등지로 몇 날이고, 몇 달이고 마차를 몰았다. 이를 그랜드 투어라고 부른다.

현대의 청년들은 자전거를 타고 그랜드 투어를 떠난다. 세계 3대 그랜드 투어(그랑뚜르) 하면 '뚜르 드 프랑스' '지로 디탈리아' '부엘타 아 에스파냐' 이렇게 세 대회를 꼽는다.

대회 이름에 나라 이름이 들어가니 개최국도 금방 알 수 있다. 이 중 가장 역사가 깊은 것이 뚜르 드 프랑스Tour de France다. 1903년 처음 개최된 뚜르 드 프랑스는 매년 7월, 프랑스 북서쪽 도시에서 출발해 약 3500킬로미터 거리를 3주 동안 달린다. 출발지는 매회 다르지만 도착지점은 언제나 파리의 샹젤리제다. 하루 한 구간씩 총 21구간을 뛰는데 오죽 힘들면 '지옥의 레이스'라는 별명이 붙었을까. 월드컵 다음으로 유럽에서는 규모가 큰 스포츠 대회다.

이탈리아의 지로 디탈리아Giro d'italia는 보통 '지로'라고 부른다. 이 경기는 1909년 처음 개최된 이래 매년 5월에 대회를 열고 있다. 거리는 뚜르 드 프랑스와 비슷하다.

스페인의 부엘타 아 에스파냐Vuelta a España는 1935년 처음 개최됐고, 8월 무렵 대회를 열고 있다. 역시나 3주간 비슷한 거리를 달린다.

우리나라에서도 뚜르 드 프랑스의 이름을 본떠 '투르 드 코리아'를 매년 개최하고 있다. 2007년이 원년으로 역사는 짧은 편이지만, 점차 성장 중이다. 총 다섯 개 스테이지로 되어 있고, 보통 5월 말에서 6월 사이에 열린다. 2019년에는 군산을 출발해 천안, 단양, 삼척, 고성을 돈 뒤 서울 입성으로 마무리됐다.

버건디 차이: 터키인의 핏속에는 차이가 흐른다

붉은 빛깔의 차이[Cay]는 터키인의 혈액이다. 터키에 처음 도착했을 때 그들은 내게 예쁜 유리잔에 담긴 차를 내밀었다. 영롱한 붉은 빛깔 차에서 하얀 김이 모락모락 피어오르고 있었다. 그런데 무심코 입에 가져다 댔다가 뿜을 뻔했다. 달아도 너무 달았다.

터키의 차이가 이렇게 단 이유는 이곳 차 특유의 떫은맛을 상쇄시키기 위함이다. 그렇게 단 차를 마시고도 당분이 부족해서 터키인들은 로쿰[Lokum](우리에게는 터키시 딜라이트로 잘 알려져 있다)이라 부르는 터키 전통 엿을 함께 곁들인다. 로쿰은 진짜 맛있는데 역시나 너무 달다.

터키에 머무는 동안 수없이 많은 터키 차이를 대접받았다. 물건 사러 들어간 쇼핑센터에서, 지중해를 도는 유람선 안에서, 무심코 들어간 식당에서, 눈이 펄펄 내리는 카파도키아 어느 시골집에서. 언제 어디를 들르든 그들은 내게 차이 잔을 내밀었다.

터키인에게 차이는 생활의 한 부분이다. 하루 열 잔은 기본이고, 마실 일이 생기면 계속 마신다. 터키인의 혈관에는 피가 아닌 차이가 흐를지도 모른다. 처음에는 떫고 달기만 하던 차이였는데 떠나올 때쯤 나도 그 맛에 길들여졌다.

눈치챘겠지만 터키 차이는 중국의 차茶에서 빌려온 단어다. 인도에도 그 비슷한 음료인 짜이Chai가 있다. 색깔과 맛은 물론 다르다. 차이가 그렇게 떫은 것은 오랫동안 우리기 때문이다. 우리나라에서 차라고 하면 티백이나 찻주전자를 이용해 잠깐 우리는 것을 말한다. 하지만 터키인은 2층짜리 찻주전자 차이단륵Çaydanlık을 이용해 계속해서 우려 마신다.

스텐레스 재질의 차이단륵은 윗주전자, 아랫주전자가 붙어 있어 땅콩처럼 생겼다. 아래층에는 맹물을, 위층에는 홍차 잎을 넣는데 아래층 물이 끓으면 위층에 붓고 다시 물을 끓인다. 위층에 우러난 홍차를 다 마시면 다시 아래층의 물을 다시 위층에 붓고 계속 끓인다. 이렇게 반복해 끓이면 당연히 차 맛이 떫어진다. 떫은맛을 없애기 위해서는 설탕을 넣어야 한다. 많이 넣어야 한다. 얼마나 많이 넣었으면 차이를 처음 맛본 서양 사람들이 "제 설탕에 차 좀 부어주시겠어요?"라고 정중히 청했다는 우스갯소리가 있을까.

여기서 주목해야 할 것은 차이 잔이다. 차이는 주전자도 그렇지만 잔 모양도 정형화되어 있다. 차이 바르다기Çay bardagi로 불리는 차이 잔은 꽃봉오리 모양인데 터키 국화인 튤립을 형상화했다.

많은 사람이 튤립 하면 네덜란드를 떠올리지만 튤립의 진짜 고향은 터키다. 터키 사람들은 11세기부터 들판에 저 혼자 피어나던 튤립을 원예용으로 재배하기 시작했다. 16세기 들어 오스만 제국의 확장과 함께 튤립은 유럽 전역으로 퍼져나갔다. 오스만 투르크는 유럽, 아시아, 아프리카에 장대한 영토를 개척했는데 튤립이 널리 재배되던 아흐메드 3세 시대(1718~1730)를 '튤립의 시대'라고 부를 만큼 튤립에 대한 애정이 깊다.

터키 도자기나 타일을 보면 다양한 문양의 튤립이 그려진 것을 알 수 있다. 튤립의 원래 이름은 백합을 뜻하는 랄레Lale였지만 그 생김새가 무슬림이 머리에 두르는 터번을 닮았기에 머릿수건을 가리키는 말인 튈벤트Tülbent라 불리게 됐고, 지금의 튤립으로 정착했다.

이스탄불의 봄은 튤립으로 열린다. 4월 한 달 동안 에미르간 공원, 술탄아흐메드 광장, 귈하네 공원 등 이스탄불 전역에서 '이스탄불 튤립 축제'가 펼쳐진다. 이스탄불 전체가 튤립으로 수놓아지는데 특히 술탄아흐메드 광장, 56만 3000송이가 연출하는 튤립 카펫은 놓칠 수 없는 볼거리다.

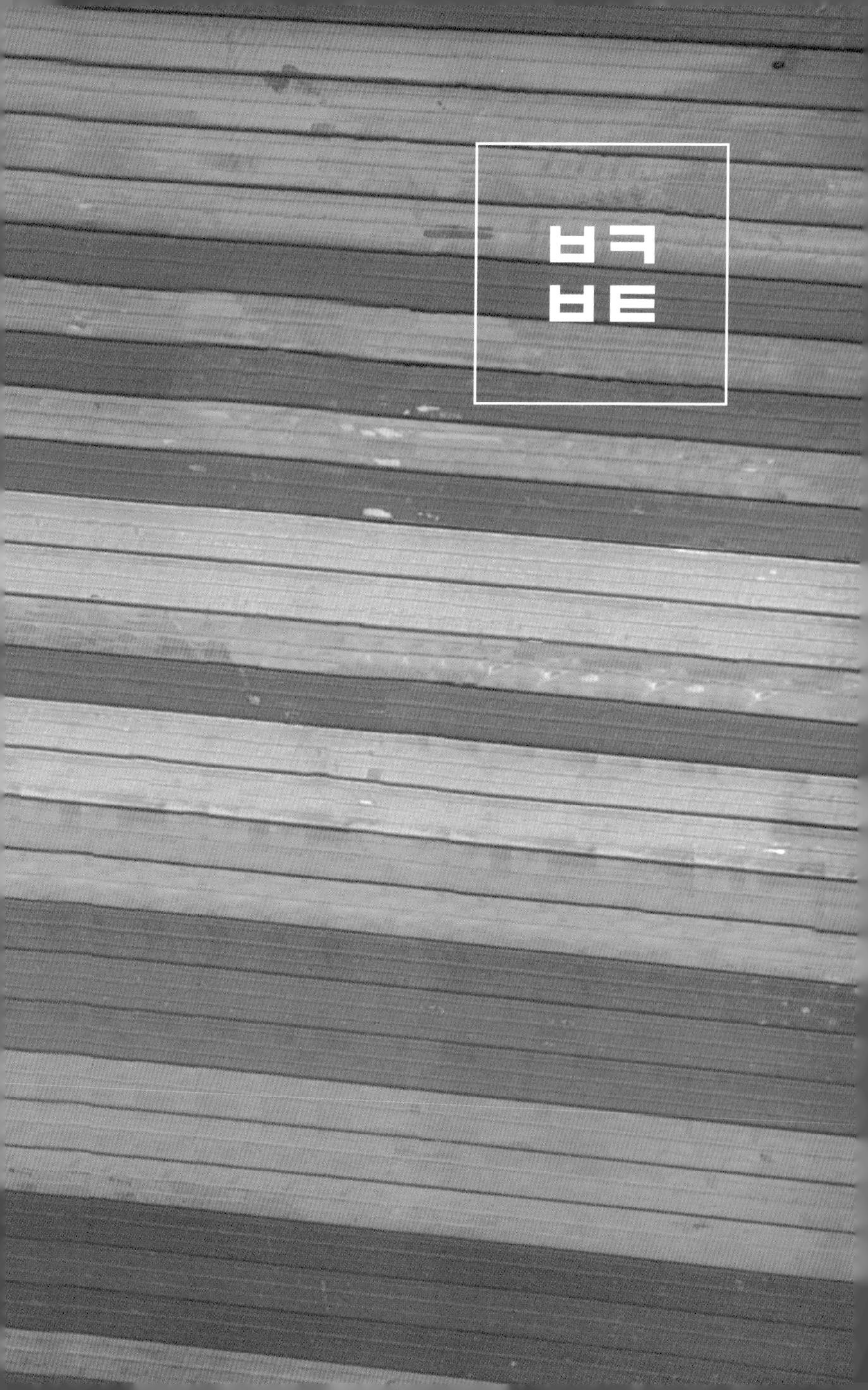

버건디 카니발: 방탕 좀 땡겨 쓸게요

카니발은 단백질 저축 이벤트다. 사순절 직전에 행해지는 축제를 카니발Carnival이라고 한다. 사순절이란 예수님이 부활하기 전 40일을 말하는데, 이 기간은 거룩한 기간이라 육식과 섹스가 금지되어 있다. 때문에 그날이 오기 전에 파티를 열어 술과 고기를 잔뜩 먹어두는 것이다. 카니발은 굶을 때를 대비한 일종의 단백질 저축, 알코올 저축 의식이라 할 수 있다. 이때 성인 남녀는 가면을 쓰고 파티에 참석한다. 가면을 쓰는 이유는 어렵지 않게 짐작할 수 있다. 파티장에서 놀다 보면 즉석 미팅도 하게 되고, '원나이트 스탠드'도 하게 되는 법. 동네가 좁다 보니 둘 중 하나는 아는 사람이다. 그러니 가면으로 얼굴과 신분을 감춰야 한다.

카니발의 어원은 라틴어 카르넴 레바레Carnem levare로 이는 육식 금지를 의미하지만, 글자만 놓고 보면 육체 금지다. 육식과 섹스가 한 단어로 묶이는 순간이다. 하느님의 아들이 인류를 구원하기 위해 사람으로 태어난 사건을 성육신成肉身, 즉 인카네이션Incarnation이라고 하는데 인카네이션의 '카네'가 바로 육체를 뜻한다. 카니발은 주로 가톨릭 국가에서 찾아볼 수 있다. 세계적으로 브라질의 리우데자네이루 카니발과 베네치아 카니발이 유명하다.

주의할 것은 사육제를 뜻하는 카니발과 식인을 뜻하는 카니발리즘Cannibalism을 혼동하지 말아야 한다는 것이다. 카니발리즘은 스페인어 카니발Caníbal에서 왔는데, 16세기 스페인 사람들이 서인도제도에 발을 디딘 후 그곳 원주민을 카리브 해에 산다고 해서 카리브인이라고 불렀다. 그런데 보니 얘네들이 엄청 미개한 거다. 당연히 자기들 사는 수준하고는 비교가 안 됐겠지. 자기들 마음대로 그들을 말로만 듣던 식인종일 것이라고 단정짓고 카리브Caribe를 '식인'이라는 뜻으로 둔갑시켜버렸다. 그렇게 카리브의 음이 변해 카니브가 된 것.

사실 식인이라는 단어는 따로 있었다. 헬라어 안트로포파지Anthropophagy는 '사람'을 뜻하는 안트로포Anthropo와 '먹다'의 파지Phagy가 합쳐진 단어로 식인을 뜻한다.

조금 더 이야기를 진행시켜 보자. 인류 최대의 금기가 두 개 있는데 하나는 근친상간이고, 하나는 식인이다. 근친상간과 관련해 다양한 이야기가 존재하듯 카니발리즘에 대한 이야기도 꽤 많다. 대표적인 게 성찬이다.

그리스도의 살과 피를 먹고 마시는 성찬식에서 식인이라는

단어를 떠올리는 것은 어렵지 않다. 실제로 초대교회 제자들은 식인 집단으로 오해받았다. 예수가 부활 승천한 후 제자들이 스승을 기리며 성찬식을 거행했는데, 포도주를 마시고 떡을 떼면서 '이것은 그리스도의 살과 피'라는 말을 했다. 사람들이 이를 진짜 살과 피를 먹는 줄 오해한 것.

전쟁 중에, 조난 중에, 기아에 빠져 사람을 잡아먹거나 시체를 먹는 이야기는 무수히 많다. 성경에도 이스라엘 땅에 기근이 들자 사람들은 배가 너무 고픈 나머지 이웃끼리 자식을 바꿔 잡아먹었다는 이야기가 등장한다.

좀비 소설의 근간도 카니발리즘에 있다고 할 수 있다. 조지 로메로 감독은 영화 《살아있는 시체들의 밤》을 만들면서 좀비들이 인육을 먹는 쇼킹한 장면을 보여준다.

과거로 거슬러 올라가면 그리스신화에 카니발리즘이 등장한다. 그리스신화에서는 가이아(땅)와 우라노스(하늘)의 결혼이 천지창조의 시작이다. 두 사람이 결합해 자식을 낳았는데, 태어난 아이들을 보니 팔이 100개 달리거나 눈이 하나인 거인이었다. 아버지 우라노스는 이 끔찍한 자식들을 땅속에 가둬버린다. 태어난 자식을 다시 어머니의 뱃속으로 돌려보낸 셈이니 가이아 입장에서 얼마나 화가 났겠는가. 가이아는 홧김에 자식들에게 우라노스의 성기를 자르도록 명령하고, 우라노스는 아들 크르노스(시간)에 의해 거세당한다.

하루아침에 고자가 된 우라노스는 아들 크로노스에게 "네 놈도 나처럼 자식에게 죽임을 당할 것"이라는 예언을 하고 먼 하늘에 납작하게 '찌그러져' 있는다. 그때부터 크로노스는 강박에 시달리게 된다. 자식이 나를 죽인다! 크로노스는 거의 미친 상태가 되어 아내 레아와의 사이에 태어난 자식들을 전부 잡아 먹어버린다. 자식이 자기를 못 죽이도록 선수치는 것.

마드리드 프라도 국립미술관에는 루벤스가 그린 〈아들을 먹어 치우는 사투르누스〉가 소장되어 있다. 사투르누스는 그리스 말로 크로노스다. 크로노스의 광기가 생동감 있게 묘사되어 있다. 크로노스와 관련된 이 카니발리즘 스토리는 내가 그리스신화에서 가장 좋아하는 대목이다. 굉장히 많은 상징이 들어 있기 때문이다.

우라노스가 땅속에 묻어버린 거인 '티탄'은 '대상 a' 즉, 내 안의 타자를 떠올리게 한다. 라캉의 용어인 '대상 a'는 소타자 혹은 작은 타자 이렇게 불리는데 옳게 말하면 완전 대大 자 타자다. 나지만 나보다 더 지랄 같은 놈. 남보다 더한 내 안의 남. 내가 어떻게 해볼 수 없는 괴물 같은 타자가 바로 대상 a다.

내 의식은 '그녀는 내 타입이 아냐!' '나는 정말 열심히 살아야 해!' 이렇게 외치는데 내 안의 괴물은 나를 이상한 곳으로 끌고가 망하게 만든다. 대상 a에 대한 가장 적절한 표현은 '내 마음 나도 몰라'일 것이다. 뭔 짓을 할지 모르니 인간은 대상 a, 그러니까 티탄을 저 속에 깊이 묻어둘 수밖에 없다. 그러나 없앨 수는 없다. 그것은 내 자식, 곧 나이기 때문이다. 놈은 문득문득 튀어나와 그 미친 짓을 하고, 나는 도리 없이 그놈을 증오하며 살아가는 것이다.

"내가 왜 그랬지? 미친 거 아냐?"

너무 괴로워하지 말자. 그 짓은 내가 아니라 내 안의 티탄 괴물이 벌인 것이다.

크로노스가 자식을 잡아먹는 이야기는 시간의 속성을 상징하기도 한다. 크로노스Chronos는 시계Clock의 어원이다. 크로노스는 자식을 낳는 대로 먹어치운다고 했다. 시간은 태어나자마자 사라진다. 붙들려고 해도 붙들 수 없는 게 시간이다. 새로운 시간이 오고는 있지만, 우리를 스치듯 통과해 과거로 사라져버린다. 영원히 오지 않는 내일. 나는 내일을 만날 수 없다. 만나자마자 그것은 죽어버린다. 크로노스가 자식을 먹어치우는 신화가 어떻게 탄생했는지 짐작할 수 있는 부분이다.

크로노스에 배치되는 단어로 카이로스Kairos가 있다. 카이로스는 연결된 시간을 뜻하는 크로노스와 달리 득달같이 찾아오는 시간을 말한다. 크로노스가 절대시간, 즉 계량되는 물리적인 시간을 가리킨다면, 카이로스는 상대적인 시간, 지극히 개인적이고 주관적인 시간을 의미한다.

흔히 영감이 번뜩이는 찰나의 시간을 카이로스적 시간이라 한다. 비록 찰나지만 이 시간 속으로 들어가면 우주를 경험할 수 있고, 무한을 경험할 수 있다. 신과 만나는 시간, 꿈꾸는 시간, 아득한 시간이 카이로스적 시간이다. 이야기가 너무 많이 흘러왔다. 카니발 이야기하다가 카이로스적 시간까지.

캐나다는 축복의 땅이다. 살면서 심호흡이 필요할 때마다 캐나다가 떠올랐다. 캐나다 공기가 깨끗하다는 것은 주지의 사실. 폐부까지 싹 청소하고 싶었다. 캐나다 토론토에 지인이 거주하고 있어서 염치 불구하고 한 달만 신세지겠다 연락하고 비행기에 올랐다.

존경하는 홍사유 · 홍숙영 선생님 내외분이 사시는 곳은 토론토 노스욕North York 처치 애비뉴에 있는 콘도였다. 캐나다 콘도는 우리나라로 치면 아파트 개념인데 그 나라에는 대단위 아파트 단지 같은 것은 없고, 단독 아파트가 주를 이룬다. 개인 주택은 봄여름에는 잔디 관리를 해줘야 하고, 가을이면 낙엽을 쓸고, 겨울에는 눈을 치워야 하기 때문에 초 단위, 분 단위의 시간을 사는 바쁜 한국인은 콘도를 선호한다.

두 분이 사는 콘도는 꽤 고급스러운 맨션으로 호텔을 연상시키는 로비에 헬스장과 수영장, 파티 공간을 두루 갖추고 있었다. 홍 선생님 댁은 13층이었고, 덕분에 내가 머물 방은 토론토 시내 전경이 파노라마로 펼쳐지는 위치에 자리 잡고 있었다.

12시간 비행 끝에 밤늦게 토론토에 도착해 고꾸라지듯 잠이 들었다. 이곳이 어디인가 아침에 눈을 떠 보니 눈앞에 바다가 펼쳐져 있는 게 아닌가. 장대한 숲의 바다였다. 수평선 대신 지평선이 보이고, 갈매기 대신 청설모가 날아다니는 게 다를 뿐이었다. 토론토가 캐나다 최대 도시인데, 시내 한복판에 숲이 존재한다는 게 선뜻 이해가 되지 않았다.

알고 보니 홍 선생님 콘도가 위치한 곳은 다운타운 남쪽 끝자락이었다. 내가 본 푸른 숲은 다운타운 뒤, 아득하게 펼쳐진 주택가였다. 캐나다 사람들은 키 큰 단풍나무, 떡갈나무를 마당에 많이 심는데 높은 곳에서 내려다보면 집은 하나도 보이지 않고 나무만 보인다. 도시 전체가 숲처럼 보였던 것은 그런 이유에서였다.

그때가 9월 초순이었는데 캐나다로선 가을 초입이었다. 그날 이후로 나무에 붉은 물이 들기 시작하더니 내가 그곳을 떠나올 때쯤 토론토 전역이 단풍의 바다를 이루었다. 시간을 내서 앨곤퀸 주립공원으로 단풍 여행을 떠나기도 했지만, 홍 선생님 댁에서 내려다본 풍경만큼 벅차지는 않았다. 기대치 없이 만난 경관이라 감동이 더 컸던 것일까.

이쯤에서 캐나다 공기가 얼마나 깨끗한지 말해줘야겠다. 내가 머무는 동안 선생님 내외분이 중국으로 장기여행을 떠났다. 그분들도 내가 집을 좀 더 편하게 쓸 수 있도록 그 시기에 맞춰 다녀가라 한 것이다. 두 분이 안 계신 동안 나는 2주에 한 번씩 집청소를 했는데 창틀, 바닥을 닦은 걸레가 내 손수건보다 더 깨끗했다. 그처럼 깨끗한 나라가 캐나다라는 것.

선생님 부부가 중국으로 떠나면서 나도 체류 기간을 한 달에서 두 달로 늘리기로 한다. 토론토가 좋았던 데다 이왕 온 김에 인근 뉴욕, 워싱턴, 퀘벡, 몬트리올까지 다 둘러보고 싶었다. 두 분의 배려로 나는 편안하게 캐나다 생활을 즐겼을 뿐 아니라 북미 전역을 여행할 수 있었다.

시간적으로 여유가 있다 보니 현지인처럼 동네 산책을 즐겼다. 단풍은 자기 색이 다하면 낙엽이 되어 천연 카펫을 이룬다. 비가 오면 바닥에 떨어진 단풍이 짙은색으로 변하는데 마치 온 세상에 버건디 카펫이 깔린 듯하다.

내가 묵던 방에서 바라보면 시야에 키 큰 건물이 하나 걸렸다. 지평선 끝에 딱 걸려 있는 그곳이 나는 늘 궁금했다. 꽤 높은 고층빌딩인데 건물 꼭대기를 아르데코 양식으로 우아하게 처리해 외관이 매우 아름다웠다. 무엇보다 그 건물은 해가 뜨는 곳이었다. 꼭 그 건물 위로 해가 떠올랐다. 지평선 위로 떠오르는 토론토 일출이 얼마나 장엄한지는 말 안 하겠다. 해가 솟으면서 아득한 대지에 칼날 같은 빛을 방사형으로 쏘아대는데 내 언어로는 그 아름다움을 설명할 길이 없다. 토론토 CN타워나 이튼센터보다 나는 아침마다 햇살을 쏘아대는 그 빌딩에 더 가보고 싶었다.

구글맵으로 가장 빠른 길을 추적하니 주택가를 가로지르는 코스가 있었다. 하루 날을 잡아 세상 아름다운 캐나다 목조주택과 정원들을 감상하며 천천히 걸었다. 그때가 북미 대표 명절인 할로윈 즈음이라 다들 집 주변을 아기자기하게 꾸며놓았다. 호박 등불인 '잭 오 랜턴'은 기본이요, 오디오를 동원해 으스스한 소리를 트는가 하면, 움직이는 모빌을 걸어 온갖 귀신들이 춤추도록 해놓았다. 여전히 이해하기 힘든 그들의 명절 풍속이다.

그렇게 주택가가 끝나는 지점에 이르니 또 다른 다운타운이 나를 기다리고 있었다. 그 동네 이름은 베이뷰였다. 내가 보았던 그 아름다운 건축물은 궁전도 아니고, 오피스 빌딩도 아닌 콘도였다. 나중에 들은 이야기지만 베이뷰가 원래 부유한 동네인데 그 콘도에는 부자들이 많이 산다고 했다. 들어가 보지는 못했다. 들어갈 이유도 없고, 들어갈 방법도 없었다. 캐나다 콘도들은 통행카드가 있어야 접근이 가능하다.

베이뷰에는 토론토에서 꽤 유명한 '베이뷰 쇼핑센터'가 있다.

다리를 쉴 겸 그곳 카페에서 빵과 커피를 주문했다. 긴 산책 끝에 맛본 향긋한 커피와 달달한 스콘, 이런 게 여행의 맛이 아닐까 생각했다. 그날 처치 애비뉴에서 베이뷰까지 가는 데 내 걸음으로 왕복 3시간이 걸렸다. 베이뷰 인근에 '온타리오 401' 고속도로가 있어서 미국 여행길에 다시 한번 가까이서 그 건물을 구경할 수 있었다. 토론토 명소 축에도 끼지 못하는 콘도 한 채가 그렇게 나만의 소중한 명소가 되었다.

캐나다 생활은 단조로우면서도 모험으로 가득 차 있었다. 산책 외의 시간은 캐나다에서 유명한 프랜차이즈 카페 '팀홀튼'에 앉아 '더블더블'을 홀짝이며 글을 썼다. 내가 캐나다에서 탈고한 장편소설이 출판을 기다리고 있다. 호흡기도 완전히 깨끗해지고, 그 유명한 메이플 로드도 걷고, 사우전아일랜드에서 유람선도 타고, 나이아가라 폭포도 둘러보고, 드라마 《도깨비》에 등장했던 퀘벡 '페어몬트 르 샤토 프롱트낙 호텔'도 구경하고, 몬트리올 성 요셉성당에도 들어가 봤다. 버건디 캐나다는 축복 그 자체였다.

여행 이야기: 캐나다 단풍 명소 앨곤퀸

...캐나다 단풍을 일컬을 때 흔히 '단풍의 바다'라는 말을 쓴다. 그만큼 광대한 지역에 걸쳐 끝도 없이 펼쳐져 있는 게 캐나다 단풍이다. 캐나다 단풍은 남동부 온타리오 지역이 유명한데 그중에서도 앨곤퀸Algonquin 주립공원을 따라잡을 장소는 흔치 않다.

제주도 면적 네 배에 달하는 이곳은 2500개의 호수를 포함하고 있다. 어마어마하지 않은가. 캐나다 지도를 가까이서 들여다보면 꼭 레이스 옷감을 보는 듯하다. 곳곳이 호수로 인해 구멍이 뚫려 있기 때문이다. 캐나다라는 나라는 국토 전체에 걸쳐 300만 개의 크고 작은 호수가 자리 잡고 있다.

앨곤퀸 공원이 만들어진 것은 1893년. 건설 시기가 이른 만큼 다른 캐나다 주립공원의 모델이 되었다. 앨곤퀸 여행은 캐나다 단풍 시즌인 9월 중순에서 10월 중순 사이에 맞추는 것이 좋다. 참고로 대부분의 캐나다 주립공원은 대중교통을 이용해 가기는 어렵다.

앨곤퀸을 가장 확실하게 즐기는 방법은 호수에서 카누 타며 놀다가, 자기 카누 짊어지고 걷다가, 어둠이 내리면 텐트 치고 캠핑하다가 날이 밝으면 다시 걷는 식이다. 한국인은 보통 현지 여행사를 통

해 데이투어로 신청해 떠난다. 데이하이킹이라고 해서 앨곤퀸 20개의 트레일 중 하나를 선택할 수 있다. 1.5킬로미터부터 11킬로미터까지 다양한 선택지가 있다. 걷는 일이 힘들다면 무스코카를 경유하는 코스도 있다. 증기선도 타보고 라즈베리 농장에도 들릴 수 있어 은근 재미있다.

캐나다 대부분의 승합차에는 안전벨트가 구비되어 있지 않다. 호수가 많다 보니 간혹 추락사고가 있는 모양인데 물속에서는 안전벨트를 매지 않는 것이 탈출에 유리하다고 한다.

앨곤퀸은 넓은 지역이지만 어떤 투어도 돌셋Drset 전망대를 빠뜨리는 일은 없다. 원래는 화재 감시용으로 만든 철탑인데 가을이면 단풍 전망을 즐기기 위한 관람용 전망대로 변모한다.

30미터 높이 전망대까지 오르는 길이 꽤 아찔하지만 일단 정상에 오르면 한눈에 들어오는 호수와 주변 경치가 어마어마해서 잘 올라왔다는 생각이 들 것이다. 특히 수면에 반영되는 캐나다 단풍은 보는 이로 하여금 넋을 잃게 만든다. 풍덩 뛰어들고 싶은 유혹이 밀려올 수 있으니 주의할 것!

버건디 코트: 필요한 것을 돈으로 살 수 있다면

모직 코트는 따뜻한 것을 떠올리게 한다. 코트가 아니면 따뜻함을 구할 데가 없을 만큼, 따뜻함이 절실한 나날이었다. 나는 코트를 사랑했다. 아니러니하게 코트를 입기 위해 추위를 기다리곤 했다.

양모 코트는 가장 자비로운 방법으로 얻는 천연섬유다. 모피나 가죽, 오리털을 얻기 위해 동물을 죽이는 짓 따위는 하지 않으니까.

로만 폴란스키 감독의 영화《피아니스트》에 등장했던 외투 이야기를 하자. 제2차 세계대전 막바지, 독일장교 호젠펠트는 나치를 피해 숨어 지내는 유태인 스필만에게 먹을 것을 가져다준다. 스필만이 연주하는 쇼팽은 형용할 수 없을 정도로 아름답기 때문이다. 나는 호젠펠트가 음악애호가를 빙자한 휴머니스트라는 의견에 동의한다. 쇼팽 때문에 사람을 살린다는 것은 핑계다. 그는 단지 생명을 존중하는 사람이다. 생명이란 것은 살리려고 들면 얼마든 살릴 이유가 있고, 죽이려 들면 또 얼마든 죽일 이유가 있다.

호젠펠트 역을 맡은 토마스 크레치만는 얼굴도 잘 생겼지만 독일군 장교코트가 아주 잘 어울리는 배우다. '패션의 완성은 얼굴'이라는 말이 있다. 잘 생긴 사람이 멋진 코트를 입으니 시너지 효과가 발생해 옷도 사람도 빛난다.

작가마다 작가적 감각을 유지하기 위해 정해놓고 거듭 읽는 작품이 있는데, 소설가 이문열은 니콜라이 고골Nikolai Gogol의 단편 「외투」를 반복해서 읽는다고 한다. 위대한 도스토옙스키는 고골의 「외투」를 빗대 "우리 사실주의 작가들은 모두 이 '외투'에서 나왔다"고 말했다. 나 역시 이 작품만큼 절박한 인생 이야기를 알지 못한다.

소설의 배경은 1917년 러시아혁명 직후, 러시아가 총체적인 빈곤에 빠졌을 무렵이다. 주인공 '아까끼 아까끼예비치'는 연봉 400루블로 근근이 연명하는 하급 관리다. 그는 고지식한 데가 있어 주위 사람들로부터 경원시 당하는데, 이는 약한 바람에도 다 틀어져버리고 말 것 같은 그의 낡은 외투와 무관하지 않다.

그의 코트는 더이상 손볼 데가 없을 정도로 여러 번 수선했고, 원래의 색을 알아볼 수 없게 바랜 데다가 외투 깃도 형편없이 좁다. 조금씩 깃을 잘라다 헤진 곳을 수선했기 때문이다. 급기야 외투는 사망 판정을 받고, 그는 새 외투를 장만하기 위한 작전에 돌입한다. 그런데 외투를 장만하기까지의 여정이 진실로 눈물

겹다. 양모 외투 한 벌은 하급 관리의 봉급으로는 도저히 살 수 없는 물건이었다. 아까끼예비치는 극도의 절약 모드에 돌입한다. 밤에도 촛불을 켜지 않는가 하면 굶기를 밥 먹듯 한다.

일체의 지출을 삼간 끝에 그는 간신히 외투 한 벌을 장만하는데, 이 사실을 뒤늦게 알게 된 상관이 그의 새 외투를 축하하기 위한 파티를 연다. 즐거운 파티를 마치고 늦게 집으로 돌아오는 귀갓길. 아까끼예비치는 그만 어두운 골목길에서 강도에게 외투를 강탈당하고 만다. 외투를 찾기 위해 경찰서는 물론 상급 관리에게 찾아가 호소하지만 무시만 당하고 그는 낙담 끝에 결국 절명해버린다. 그리고 그의 원혼은 귀신이 되어 온 도시를 헤맨다.

외투 한 벌 때문에 죽어버리다니. 말도 안 된다. 하지만 인간이 그렇다. 최선을 다한 일이 잘못되면 죽을 수도 있는 존재다. 사랑 때문에 자살한 베르테르라는 청년도 있지 않은가. 그래서 절망을 죽음에 이르는 병이라고 한다. 절망은 진부한 단어일지 모르지만 그 위력은 상상 이상이다.

미국 작가 데이비드 포스터 월리스David Foster Wallace는 '절망'에는 두 가지 의미가 혼융되어 있다고 했다. '죽음에 대한 이상한 갈망' 그리고 '죽음에 대한 공포'. 죽음의 공포에서 탈출하고 싶어 '배 밖으로 뛰어내리고 싶은 기분'에 감행하는 것이 자살이다. 다양한 중독과 공포증으로 고통받던 윌리스는 46세 되던 해 스스로 생을 마감한다.

'소중한 것'을 갖는다는 것은 두려운 일이다. 분실의 공포가 따르니까. 오죽했으면 극도의 공포 속에서 어미새가 지레 새끼를 물어 죽이겠는가. 대상이 있는 것이 공포고, 대상이 없는 것이 불안이라고 할 때, 불안은 공포보다 고통스럽다. '왠지' 불안하기 때문이다. '왠지'를 견디지 못해서 어미새는 새끼를 물어 죽인다.

여기서 하나의 공식이 성립한다. 아까끼 아까끼예비치는 외투를 빼앗기고 죽었다. 외투를 빼앗기면 죽는다. 새끼를 빼앗긴 어미새는 죽는다. 새끼를 물어 죽인 어미새는 산다. 결론적으로 아까끼 아까끼예비치는 강도를 만나 먼저 외투를 벗어주어야 했다. "추워 보이는군요, 선생님. 제 외투를 입으시겠어요?"

그랬을 경우 적어도 빼앗기는 고통은 없지 않았을까. 목숨은 건질 수 있지 않았을까. 이쯤에서 또 다른 결론에 도달할 수 있다.

'외투를 버리는 것도, 빼앗기는 것도 싫다면 외투를 장만하지 않고 살아야 한다.'

7포세대로 분류되는 요즘 청년들이 그렇다. 연애 · 결혼 · 출산을 포기한 3포에 내 집 마련과 인간관계를 추가로 포기한 5포, 꿈과 희망까지 버린 이들이 7포 세대다.

대학교 1학년 첫 여름방학 때 명동의 한 패션몰에서 한 달간 아르바이트를 했다. 그렇게 번 돈으로 그 매장에서 파는 롱코트를 구입했다. 양모로 만든 톡톡한 겨울 코트였는데, 여름 세일 기간에 맞춰 대량으로 쏟아져 나온 재고 물량이었다. 정가의 반도 안 되는 가격이었지만 한 달 동안 아르바이트 해서 번 돈을 고스란히 투자해야 했다. 그 코트는 미니멀한 디자인에 핏이 상당히 세련됐다. 지금 신상으로 출시한다고 해도 전혀 손색없을 정도였다. 대학 4년 내내 나의 겨울을 행복하게 해주던 물건이었다.

그 따스했던 기억에 묶여버린 걸까. 사회인이 되어서도 돈이 생기면 코트를 샀다. 검은색은 여러 벌이고, 버건디, 흰색, 회색, 베이지색, 하늘색, 빨강, 주홍… 거의 모든 색 코트를 다 갖고 있었다. 그리고 모두 롱코트였다. 다른 물건은 별로 탐이 안 나는데 코트만 보면 갖고 싶어 미치겠는 것이다. 모직 코트의 부드러운 촉감, 경건한 외양 앞에서 나는 번번이 지갑을 열었다.

돈만 생기면 코트를 사 입던 나였는데, 어느 순간부터 코트가 눈에 들어오지 않았다. 여행에 눈을 떴기 때문이다. 최대한 아껴 살다가 1년 중 가장 날씨가 좋은 9월이 되면 트렁크를 챙겨 떠났다. 가을은 세계 어디든 아름다운 계절이다. 여행기자가 되기 전까지는 돈 버는 것의 의미를 여행에서 찾았다.

생각해 보면 코트와 비행기 티켓, 이 두 가지는 내 인생의 보상 기제였다. 오글거리는 말이지만 열심히 일한 나에게 주는 가장 사치스러운 선물이 코트요, 여행이었다. 지금도 여전히 코트와 여행을 좋아하지만 양상은 달라졌다. 몹시 추운 날에는 코트를 잠시 벗어두고 두꺼운 패딩을 입는다. 여행은 휴식이나 오락 개념이 아닌 출장 개념으로 다닌다. 다 한때의 일처럼 생각된다. 열심히 돈 벌고, 아껴 쓰고, 코트 사고, 항공권을 사던 일들.

지금은 돈이 생기면 시간을 산다. 시간을 산다는 것은 시간이 투여되는 모든 재화를 구매한다는 뜻이다.

나는 요리를 하지 않는다. 솜씨가 없기도 하지만 요리는 시간이 너무 많이 드는 작업이다. 나는 매식買食으로 끼니를 잇는다. 요리만 안 해도 하루 두 시간 이상을 번다. 장 보고 설거지하는 시간까지 아낄 수 있으니까.

친구를 만나 늦게까지 노는 날에는 과감하게 택시를 탄다. 전에는 코트를 사기 위해, 여행을 떠나기 위해 택시는 잘 타지 않았다. 좀 돌고 돌아도 심야버스를 탔다. 홍대에서 정릉 우리집까지 오는 데 대중교통을 이용할 경우 평균 한 시간을 잡아야 한다. 하지만 택시는 20분 안에 나를 홍대 놀이터에서 우리집 대문 앞까지 데려다준다. 40분가량 시간을 벌어주는 셈이다.

그렇게 아낀 시간에 나는 글을 쓰거나 다음날의 컨디션을 위해 잠을 잔다. 컨디션이 좋아야 많은 일을 할 수 있으니까. 40분을 아끼기 위해 1만 5000원을 사용하지만 실질적으로는 4시간 이상의 시간을 버는 셈이다.

크리스마스는 과자, 온기, 별, 나무, 열매, 흰 눈, 음악으로 이루어진 꿈의 세계다. 겨울이 좋은 또 하나의 이유는 크리스마스 때문이다. 크리스마스는 반짝거린다. 크리스마스는 따뜻하다. 따뜻함은 여름에는 느낄 수 없는 감각이다.

어렸을 적 크리스마스 아침에 일어나면 머리맡에 선물이 놓여 있었다. 과자종합선물세트는 그 시절 제법 괜찮은 크리스마스 선물이었다. 나는 과자보다 선물 받는다는 느낌이 좋아 크리스마스를 기다렸다.

크리스마스가 되면 우리나라도 곳곳에 트리를 설치하고 제법 연말 분위기를 돋우지만, 유럽은 말할 것도 없다. 11월부터 온 도시가 크리스마스에 대한 기대로 들떠 난리도 아니다. 진짜 그들은 크리스마스를 너무 사랑한다.

아기 예수의 탄생을 축하하는 크리스마스는 어느덧 종교적 의미를 넘어 겨울의 주요한 테마가 되었다. '하늘엔 영광, 땅에는 평화'라는 슬로건 아래 12월의 지구는 잠시 판타지의 세계로 날아간다. 미국이 이날을 화려하고 흥겹게 보낸다면 유럽은

차분하고 경건하게 맞이한다. 유럽은 크리스마스 전 4주의 기간을 대림절Advent이라 부르는데, 4주 동안 매주 다른 초를 켜면서 아기 예수가 온 날을 손꼽아 기다린다.

네 개의 초는 각기 색깔도 다르고, 의미도 다르다. 첫째 주에 켜는 초는 버건디색 '예언의 초'다. 희망을 상징한다. 둘째 주에는 연보라색 '베들레헴의 초'를 켠다. 평화를 상징한다. 셋째 주에 켜는 초는 분홍색 '목자들의 초'다. 기쁨을 상징한다. 넷째 주에는 흰색 '천사들의 초'를 켠다. 사랑을 상징한다. 초가 늘어나고 색깔이 밝아질수록 그리스도가 우리에게 다가오는 날도 가까워진다.

말하자면 대림절은 요즘 유행하는 '한 달 살기' 여행이라고 할 수 있다. 일상과 전혀 다른 시간과 공간 속에서 한 달을 보내기 때문이다. 자기가 사는 동네를 벗어나지 않고 떠나는 여행이 크리스마스다. 크리스마스가 없었다면 특히 서구 유럽인들은 인생이 못 견디게 지루했을 것이다.

여행 이야기: 크리스마스 마켓의 발상지 드레스덴

• • • 대림절 기간에 맞춰 유럽 전역에서는 크리스마스 마켓이 열린다. 원래는 트리 장신구를 사고팔기 위한 시장이었는데, 지역 공예품숍과 전통음식 부스가 차려지면서 관광상품화 됐다. 세계적으로 유명한 크리스마스 마켓이 많은데, 그중 독일 드레스덴은 크리스마스 마켓의 효시로 알려진 곳이다. 1434년부터 시작했다고 하니까. 역사적으로 의미 있는 곳이니만큼 때가 되면 세계 각지에서 크리스마스 마켓을 구경하기 위해 많은 사람이 모여든다.

드레스덴 크리스마스 마켓은 특별히 슈트리첼마켓Striezelmarkt으로 불린다. 이날 드레스덴 한복판 알트마르크트 광장에서는 슈톨렌을 잘라 함께 나눠먹는 이벤트가 펼쳐진다. 독일 사람들은 크리스마스를 맞아 달달한 케이크 대신 하얀 슈거파우더가 뿌려진 투박한 슈톨렌을 먹는다. 여기에 따뜻한 글뤼바인 한 잔이면 아무리 가난한 사람일지라도 크리스마스를 훈훈하게 보낼 수 있다.

우리나라에서도 크리스마스 시즌이면 백화점에서 슈톨렌을 판매한다. 슈톨렌은 한 번에 다 먹기에는 양이 많아 보관을 잘해야 한다. 앞부분부터 먹겠다는 생각을 버리고 가운데를 뚝 잘라 먹은 후 두 덩어리를 붙여 보관하면 절단면이 마르는 것을 방지할 수 있다.

드레스덴을 방문할 때는 체코를 경유하면 좋다. 프라하에서 드레스덴까지 노란색 스튜던트 에이전시 버스로 2시간 거리다. 베를린에서 출발하는 것도 괜찮다. 역시나 버스로 2시간가량 소요된다. 같은 독일이라도 프랑크푸르트나 뮌헨 공항을 이용하는 것은 추천하지 않는다. 드레스덴으로부터의 거리가 상당하다.

버건디 클로버: 행운보다 행복

아일랜드의 국화는 세잎클로버, 일명 토끼풀이라 부르는 삼락Shamrock이다. 많은 사람이 네잎클로버를 선호하는 데 비해 아일랜드 사람들은 세잎클로버를 소중하게 여긴다. 네잎클로버의 꽃말이 '행운'이라면 세잎클로버의 꽃말은 '행복'이다.

네잎클로버를 찾기 위해 풀밭을 헤맸던 기억이 있는가? 어렵게 따서 책갈피에 고이 끼워두었던 기억도 말이다. 네잎클로버는 세잎클로버의 돌연변이라 쉽게 찾을 수 없다. 꽃말처럼 정말 운이 좋으면 발견하는 풀이다. 하지만 세잎클로버는 발에 차일 만큼 흔하다. 이는 무엇을 의미할까. 행운은 차지하기 어렵지만 행복은 보다 흔하다는 이야기 아닐까.

지금 머리 아픈 일이 우리를 괴롭힌다고 해도 그것은 그리 대단한 문제가 아니다. 지금 우리가 하는 일이 잘 풀린다고 해도 그게 영원한 행복으로 이어지는 게 아니듯이. 하나의 목표를 달성할 때마다 우리는 확실히 행복감을 느낀다. 그러나 곧 또 다른 문제가 생겨 우리의 행복을 방해한다. 나의 스승이신 최수철 교수님이 이런 말씀을 하셨다.

"소원이 이루어지는 즉시 우리의 삶은 0의 상태로 돌아간다."

내가 100의 상태를 지향해 그것을 이루었다고 해도 인간은 곧 다른 목표를 생각해낸다. 새 목표를 지향하는 순간 내 상태는 원점이 된다는 뜻이다. 행복은 그래서 상태가 아니라 '발견'이다. 우리가 어떤 종류의 행복을 갖고 있는지 그것을 알아내는 게 중요하다. 아마도 그것은 세잎클로버만큼 널널한 것일 게다. 다만 그게 행복이라는 사실을 깨닫는 게 어려울 뿐. 아일랜드는 어떻게 세상에서 가장 흔한 삼락을 국화로 삼을 생각을 했을까. 꽃도 아니고 풀일 뿐인 세잎클로버를 국화로 삼은 이 나라, 대체 어떤 곳인지 궁금하다.

서기 433년, 영국인 패트릭 선교사가 그리스도교를 전파하기 위해 아일랜드 땅에 발을 디딘다. 당시 아일랜드인들은 다신교를 믿고 있었다. 패트릭 선교사는 아일랜드인에게 그리스도교의 삼위일체 교리를 설명할 방법을 찾다가 들판에 널린 클로버 이파리 하나를 따서 높이 쳐든다.

"이것 보세요 여러분! 세잎클로버 줄기는 하나지만 이파리는 세 개로 갈려져 있습니다. 삼위일체도 이런 것입니다. 하느님은 하나시지만 성부, 성자, 성령으로 구분됩니다."

패트릭을 통해 삼위일체 교리를 이해하고 예수를 믿게 된 아일랜드 사람들은 그 후로 클로버를 영험한 식물로 여기게 된다. 그들은 성삼위일체 세잎클로버가 불행을 쫓고 행복을 불러들일 것이라고 믿었다.

3월 17일은 '성 패트릭 데이'다. 이날은 아일랜드인에게 매우 중요한 명절이다. 온 나라가 축제 분위기에 휩싸인다. 너도나도 초록 모자를 쓰고 길거리로 쏟아져 나온다. 도시 어디에서건 삼락 또는 아일랜드 국기로 보디페인팅 한 사람들을 볼 수 있다. 현지인, 여행객 할 것 없이 한 데 어울려 춤추고 놀고 마시며 즐거운 시간을 보내는 날이 그날이다.

내가 말로만 듣던 삼락을 만난 것은 아일랜드 국민시인 윌리엄 예이츠의 도시 슬라이고에서였다. 슬라이고의 '길Gill 호수'는 예이츠의 시 「이니스프리 호수의 섬」 무대로 알려진 곳이다. 이곳은 '이니스프리 호수의 섬'을 돌아볼 수 있는 보트 투어가 유명하다.

그곳 호숫가를 걷다가 언덕 꼭대기에 올라섰을 때였다. 발아래로 들판이 펼쳐지는가 싶더니 여기저기 붉은 카펫이 눈에 들어왔다. 삼락이 피어 올린 클로버 꽃이 대지를 화려하게 장식하고 있었던 것이다. 우리나라에서는 잡초처럼 보이던 풀이 아일랜드에서는 완전히 달라 보였다. 굳이 전설을 들먹이지 않더라도 왜 클로버가 아일랜드의 국화가 됐는지 이해할 수 있을 것 같았다.

나를 아일랜드 길 호수로 불러들인 것은 중학교 국어 시간에 배웠던 「이니스프리 호수의 섬」이었다. 이 시는 한동안 '이니스프리의 호도'라는 제목으로 알려졌으나 호도湖島가 우리나라에서는 잘 사용하지 않는 일본식 표기인 탓에 한자를 풀어 '호수의 섬'으로 순화해 읽고 있다.

나 일어나 이제 가리, 이니스프리로 가리.
거기 나뭇가지 엮어 진흙 바른 작은 오두막 짓고
아홉 이랑 콩밭과 꿀 벌통 하나
벌들이 윙윙대는 숲속에 나 혼자 살으리.

거기서 얼마쯤 평화를 맛보리
평화는 천천히 내리는 것
아침의 베일로부터 귀뚜라미 우는 곳에 이르기까지
한밤엔 온통 반짝이는 빛
한낮엔 보랏빛 환한 기색
저녁엔 홍방울새 날갯소리 가득한 곳

나 일어나 이제 가리, 밤이나 낮이나

호숫가에 철썩이는 낮은 물결 소리 들리나니

한길 위에 서 있을 때나 회색 포도鋪道 위에 서 있을 때면

내 마음 깊숙이 그 물결 소리 들리네.

_윌리엄 예이츠, 「이니스프리 호수의 섬」

버건디 퇴근길: 삶에 필요한 것은 시간과 돈 그리고

퇴근길은 새로운 시작이다. 하루해가 기울고 도로에 귀가 차량이 쏟아져 나오면 도시는 온통 버건디 빛으로 물든다. 버스는 경적을 울려대고, 지하철역은 혼잡해진다. 술집과 식당이 몰려 있는 골목 어귀는 왁자지껄한 활기가 넘친다. 골목마다 고기 굽는 냄새, 생선 익는 냄새, 탕 끓는 냄새가 가득하다.

그러나 누구나 다 퇴근의 활기를 누리는 것은 아니다. 이런 것과 무관한 사람들이 있다. 주 52시간 근무제가 시작됐고, 어떤 기업은 35시간 근무제를 채택하고 있지만 이런 게 다 300인 이상 사업장에 해당하는 이야기라는 것. 법으로 보호받는 사람은 대기업에 다니는 직장인일 뿐이다. 수많은 중소기업 근무자, 일용직, 비정규직, 자영업자, 아르바이트직은 제도의 온기를 쬘 수 없는 사람들이다. 제시간에 퇴근할 수 없는 사람들이다.

파리 여행 때의 일이 생각난다. 해가 저물기가 무섭게 셔터를 내리던 생제르맹데프레Saint Germain des Prés의 점포들. 해가 진 뒤에 내가 파리 시내에서 할 수 있는 일이라고는 텅 빈 거리를 걷는 것과 와인 한 잔을 사 마시는 일뿐이었다.

프랑스는 노동자의 휴식권을 보호하기 위해 1906년부터 법으로 일요일 영업을 금지해왔다. 유명 백화점인 갤러리 라파예트, 르봉 마르셰, 프랭탕 모두 100년 가까이 일요일 휴무를 지켰다. 일반 상점들도 대부분 오전 10시부터 오후 7시까지 영업이 원칙이다. 일요일과 국경일은 당연히 쉰다.

최근 경기 활성화를 위해 국제상업지구에 한해 일요일 개점을 허락했다지만 지방은 아직도 낮 4시만 되면 가게 문을 닫고 자신의 삶으로 돌아가는 게 일반적이다. 파리의 대형 백화점들이 일요일 영업을 개시하면서 우려의 목소리도 높다. 휴식권은 인권과 긴밀히 연결되어 있기 때문에 자칫 '인간 존엄 불가침' 원칙이 깨질까 염려하는 것이다. 원래 한 발 물러서면 두 발도 물러서게 되는 거니까.

삶의 논리가 그렇다. 나의 휴식권을 행사하기 위해서는 타인의 휴식권을 침해할 수밖에 없다. 나의 편의를 위해 편의점은 24시간 영업해야 하고, 레스토랑과 술집도 되도록 늦게까지 문을 열어야 하고, 지하철도 늦게까지 다녀야 한다. 버스도 마찬가지다.

기독교 교인에게는 '주일성수'의 의무란 것이 있다. 주일을 성스럽게 지킨다는 뜻으로 일주일 중 하루인 일요일에는 돈 버는 일을 쉬면서 교회에 출석하는 것을 말한다. 많은 기독교인이 주일을 맞아 영업장 문을 닫는다. 주일에는 요리도 안 하고 찬밥만 먹는다는 사람도 있다. 일하지 않고 온전히 쉬어야 하는 '주일성수' 원칙 때문이다.

하지만 그들이 교회에 가기 위해서는 택시나 버스를 이용해야 한다. 자동차 기름이 갑자기 떨어지면 주유소에 가야 한다. 나의 주일성수를 위해 누군가는 주일성수를 포기해야 한다.

기독교의 본질은 사랑이다. 어떻게 해야 신앙 생활을 잘하는 것인지 모를 때는 사랑 안에서 하면 된다. 교회 가고 싶어도 못 가는 사람들이 있다. 쉬고 싶어도 못 쉬는 사람들이 있다. 진정한 주일성수는 나를 포함해 내 이웃도 일주일에 하루이틀은 마음 편히 쉴 수 있도록 기회를 주는 것이다.

인천공항을 통해 외국으로 나가는 사람이 매해 2000만 명을 넘어선다. 이처럼 여행 붐이 확산된 데는 워라밸 사고가 한몫 단단히 했다. 워라밸은 워크 앤 라이프 밸런스Work and Life Balance의 약자로 '일과 삶의 균형을 찾자'는 의미로 사용된다. 최근 여행업계에서 가장 많이 회자되는 말이다.

어느 여론조사에 따르면 한국인 10명 중 7명은 '돈보다 휴식'

을 원한다고 답했다. 현실적으로 워라밸이 가능한 사람은 많지 않다. 최저임금에 수렴하는 돈을 받는 일용직에게 워라밸은 남의 나라 이야기다.

워라밸과 비슷한 개념으로 '욜로' '소확행'이 있다. 워라밸보다는 욜로, 소확행이 서민적이기는 하다. 욜로YOLO, You Only Live Once는 '인생은 한 번뿐'이라는 의미를 갖고 있다. 내가 원하는 삶을 산다는 점에서 '일과 삶의 균형'을 뜻하는 워라밸 개념과 정확히 들어맞지는 않는다. 내가 원하는 삶을 살 수 있다면 치우침도 불사하겠다는 거니까. 그게 여행이 됐든, 음악이 됐든, 자전거 타기가 됐든 자신이 하고 싶은대로 살겠다는 점에서 욜로는 허무주의 냄새가 짙다. 결혼, 취직 같은 사회적 관습마저 우습게 생각하는 태도가 욜로다. 굳이 비중을 따지면 '일보다는 삶이 우선'이랄까.

소확행小確幸은 '작지만 확실한 행복'을 뜻한다. 1986년 무라카미 하루키가 자신의 수필 「랑겔한스 섬의 오후」에서 언급한 뒤 일본에서 한창 유행하다가 뒤늦게 우리나라로 넘어왔다. 1980년대 일본은 버블 붕괴의 여파로 상당히 침울했다. 이때 유행한 말이 소확행이다. "막 구운 따끈한 빵을 손으로 뜯어 먹

는 것, 오후의 햇빛이 나뭇잎 그림자를 그리는 걸 바라보며 브람스의 실내악을 듣는 것, 서랍 안에 반듯하게 접어 넣은 속옷이 잔뜩 쌓여 있는 것, 새로 산 정결한 면 냄새가 풍기는 하얀 셔츠를 머리에서부터 뒤집어쓸 때의 기분" 이 소확행이다. 부정적으로 말해서 욜로가 허무주의적이라면, 소확행은 패배주의적이다.

취미 생활은 돈 있는 사람이나 없는 사람이나 개인 선호도가 따르기 때문에 소확행이 꼭 가난한 사람들의 영역이라고 할 수는 없다. 핵심은 '여유'다. 돈이 있어도 카페에서 커피 한 잔 마음 놓고 못 사 마시면 여유 없는 사람이고, 돈 없어도 몇만 원짜리 커피추출기를 구입해 자신만의 시간을 확보한다면 여유 있는 사람이다.

소확행은 어디에나 있다. 심지어 대확행 안에서도 소확행을 찾을 수 있다. 멀리 유럽으로 날아가 에펠탑 보고, 개선문 찍느라 정신없이 뛰어다니는 사람과 파리 뒷골목 카페에 앉아 그 도시의 냄새를 탐구하는 사람은 행복의 온도가 다르다.

오후 5시에 퇴근해서 가족과 밥 먹고, 가끔 친구와 술 마시고, 주말에 쇼핑을 다니기도 하는 삶은 행복한 삶이 아니라 기본적인 삶이다. 사회적 시스템이 그 일을 실현시켜 주어야 한다. 그 날을 앞당기려면 개개인의 각성과 사회적 연대가 필요하다. 그

러나 그렇게 어렵사리 달성한 사회 제도라 해도 간신히 불행의 확률을 줄여줄 뿐이다. 제도는 행복까지 물어다주는 비둘기가 아니다. 행복을 발견하려면 시력이 아주 좋아야 한다.

마지막으로 『원더박스』의 저자이자 '라이프스타일 사상가'라는 요상한 직함의 로먼 크르즈나릭Roman Krznaric이 한 말을 귀담아들어 보자.

"단순하게 산다는 것은 사치를 포기하는 삶이 아니라 생각지 못한 새로운 영역에서 사치를 발견하는 삶이다."

버건디 트렁크: 네 근의 무게를 지닌 물건

◉ 트렁크의 무게는 네 근이다. 여행가방만 봐도 두근두근하니까. 내가 짐을 싸는 것이 아니라 이 짐이 나를 어디론가 데려다 줄 거 같은 느낌이다. 신나면서 가슴 떨리는 여행! 왜 이토록 여행은 매혹인 걸까. 그 근거를 가장 근사하게 제시한 사람은 '철학자들의 철학자' 발터 베냐민이다. 독일계 유대인으로 베를린에 거주했던 그는 러시아 여행을 다녀온 후 『모스크바 일기』를 남겼다. 이 글은 이렇게 시작한다.

> "모스크바를 알게 되기 전에 모스크바를 통해 베를린 보는 법을 먼저 배운다."

남의 도시를 여행하면 그 도시는 몰라도 내가 사는 도시는 제대로 보게 된다. 삶의 활기가 넘치는 모스크바에 비하면 베냐민의 베를린은 '귀족적으로 고립되어 있는' 황량한 도시에 불과했다. 그는 이런 발견을 매우 놀라워했다.

내가 서 있는 장소를 알기 위해서는 다른 장소에 가봐야 한다.

내가 나를 밖에서 바라보지 않으면, 즉 나와 나의 거리가 너무 가까우면 나는 내가 발 디딘 곳이 어떤 곳인지 알 수 없다. 내 주제를 파악하기 위해서는 나를 객관적으로 바라보는 눈을 키워야 한다. 내가 사는 곳을 안다는 것은 내가 사는 도시 사람들의 생각을 안다는 뜻이다.

서울을 알려면 서울에만 머물러서는 안 된다. 뉴욕이나 도쿄에 가봐야 서울이 어떤 곳인지 명확하게 알 수 있다. 미처 그곳을 파악하기 전에 "내가 살던 서울이 이런 곳이었구나!" 깨닫는 게 생긴다. 그런 생각은 여행을 마치고 자기 고장에 돌아왔을 때 더욱 선명해지는 법이다. 지구인으로서 자기 사는 곳과 자기 나라 사람들을 바로 보는 시야를 갖게 된다는 것은 행운이다. 프랑스의 철학자 장 그르니에는 "어떤 도시를 앞에 두고 깜짝 놀랄 때 우리가 바라보게 되는 것은 다름이 아니라 우리들 자신의 진정한 모습"이라고 했다.

'너 자신을 알라'는 소크라테스가 한 말이다. 이 말이 왜 유명한 걸까. 세상에서 가장 어려운 게 나를 아는 것이기 때문이다. 나는 어디에서 왔으며 어디로 가는가. 내가 발 디딘 현실은 진짜 존재하는가. 누군가에 의해 프로그램된 가상의 세계를 살고 있는 것은 아닐까. 현실이 꿈이고 꿈이 현실이 아닐까. 나는 무엇을 알고 있는가. 나는 무엇을 모르고 있는가. 내가 잘 사는 것은 누군가의 행운을 빼앗은 결과가 아닐까. 내가 가진 게 대단한 것이 아닐 수도 있지 않을까. 못 가진 게 불행이 아닐 수도 있지 않을까. 알고 보면 내가 굉장히 행복한 사람 아닐까.

슬로베니아를 여행할 때 나는 이곳저곳으로 옮겨다니지 않고 류블랴나 인근 소도시 크란에 눌러앉았다. 크란은 수도인 류블라나에서 버스로 30분 거리에 있는 조용한 시골 마을이다. 매일 오전, 호텔 노천카페에 앉아 커피를 마시며 시간을 죽였다. 따스한 9월의 햇살을 만끽하며 멍청히 앉아있는 것으로 하루를 시작했다. 지금 생각하면 세계에서 가장 아름다운 마을로 꼽히는 블레드보다, 조인성이 드라마를 찍은 피란보다, 알프스 호숫가 마을 보힌보다 그 '크레이나 호텔'에서의 여유 있는 아침이 가장 좋았다. 크란은 자동차 소음마저 차분했다. 길 건너 사바강을 흐르는 고요한 물소리, 물 냄새… 고개를 들면 코앞 알프스에서 만년설의 향기가 날아왔다. 그 그윽함이란.

슬로베니아는 좁아도 볼거리가 많기 때문에 부지런히 움직여야 했다. 나는 매일 크란과 류블랴나 사이를 오갔다. 류블랴나 중앙역은 동서울터미널 같은 곳으로 온 유럽으로 떠나는 기차와 버스가 출발한다. 슬로베니아 전역은 물론 베네치아, 뮌헨으로 떠나는 차도 여기서 탄다.

세 번째 날인가 네 번째 날인가 이상한 기시감에 휩싸였다. 내가 이 나라에 아주 오랫동안 살았던 것 같은 느낌. 어디로 가면 뭐가 나오고, 또 어디로 가면 뭐가 있을지 알 것 같았다. 어찌나 그곳이 익숙하게 느껴지던지 전생이라는 단어를 떠올리기까지 했다.

슬로베니아 체류 아흐레째 날이자 마지막 날이었다. 호텔 체크아웃 후 비행기 탑승까지 시간 여유가 있어 류블랴나행 버스에 몸을 실었다. 류블랴나 중앙역에는 여느 때처럼 수많은 시외버스가 대기 중이었다.

"요희, 오늘은 어디로 데려다줄까?" 막 출발하려던 버스 한 대가 내게 말을 걸어왔다.

"오늘은 버스를 안 타요. 우리나라로 돌아가야 하거든요."

"아 그렇군. 그런데 아직 포스토이나도 안 가봤고, 마리보르도 안 가봤잖아?"

나는 조용히 고개를 끄덕였다. "다음에 오면 꼭 갈게요."

나도 모르게 울컥했다. 아무리 나라가 작아도 슬로베니아 전체를 다 다니는 데는 한계가 있어서 정말 가야 할 곳을 많이 못 갔다. 이 정겨운 도시와 나라를 나는 다시 올 수 있을 것인가.

정겨움은 그곳을 벗어나지 않으면 못 느끼는 감정이다. 나는 여행을 통해 정겨움의 반대말이 익숙함이라는 것을 알게 됐다. 내가 사는 도시는 곧 나다. 한 곳에만 머무르는 사람에게 정겨움이란 없다. 멀리 떠났다가 돌아와야 한다. 삭막한 도시라고 해도 내가 살던 곳만큼 정겨운 곳은 없다. 한 열흘 나갔다 오면 심지어 그 표정 없이 차가운 건물 인천공항마저 정겹다.

여행할 때 여러 도시를 경험하는 것도 좋지만, 단 일주일이라도 한 도시에 머무를 것을 권한다. 보금자리를 정해놓으면 그 도시에 대한 애정이 싹튼다. 버스 타고 멀리 나갔다가 돌아오는 길, 아련하게 반짝이는 내 숙소의 불빛이 나를 기다려준다는 생각. 단 며칠이라 해도 내가 머무는 곳은 내 영혼의 안식처다. 그런 생각이 정겨움을 조성한다.

내 도시, 내 집으로 돌아온 뒤에는 여행의 추억이 기다리고 있다. 모든 여행은 집으로 돌아온 후가 진짜다. 여행의 행복은 일생을 통해 꾸준하고 잔잔하게 밀려든다. 그런 한편 아직 가보지 못한 미지의 도시를 미친 듯 그리워하며 다음 여행을 기다리는 것이다.

여행 이야기: 『무기여 잘 있거라』의 무대 소차 계곡

... 유고슬라비아연방공화국과의 분리 과정에서 죽어라 고생한 이웃나라들과 달리 슬로베니아는 평화롭게 떨어져 나와 꽃길만 걸었다. 무엇보다 정치가 안정되어 있다. 거기다가 물가 싸지, 항구 있지, 알프스 있지, 강 있지, 호수 있지, 섬 있지, 포도밭 있지, 동굴 있지 그 코딱지 만한 나라에 없는 것이 없다. 심지어 맥주 분수도 있다. 분수에서 맥주가 마구 솟구치는 것은 아니고, 광장 수도꼭지 같은 곳에 컵을 대고 맥주를 받아 마시는 것이다. 물론 공짜는 아니다.

이제는 우리나라 사람들도 슬로베니아 명소를 잘 알고 있어 따로 설명할 필요는 없을 것 같지만 한 군데, 소차 계곡Soča Valley만큼은 꼭 소개하고 싶다. 슬로베니아 여행의 시작이 수도 류블랴나라면 종착지는 소차 계곡이다. 이곳은 트리글라브 국립공원에서 이탈리아 국경까지 뻗어있는 협곡이다.

소차 계곡은 제1차 세계대전 때 100만 명의 전사자를 낸 '소차 전선'으로 악명 높다. 이때의 이야기는 헤밍웨이의 소설 『무기여 잘 있거라』에 잘 나타나 있다. 알프스 계곡을 따라 138킬로미터에 걸쳐 청록색 강이 흐르는데 사람들은 이 강을 '에메랄드 뷰티'라고 부른다. 헤밍웨이는 에메랄드 뷰티를 "강물은 얕고 물은 빨랐다. 하늘색 물빛. 산 정상이 눈에 보인다"고 묘사했다. 언제 가도 사진가가 한두 사람은 보이는 곳이다.

소차 강이 있는 코바리드Kobarid행 버스도 류블랴나 중앙역에서 떠난다. 하루 6회 왕복 운행. 슬로베니아는 우리나라처럼 버스가 밤늦게 다니지 않으므로 다시 류블랴나로 돌아올 생각이라면 아침 일찍 움직여야 한다.

버건디 티타임: 세상에서 가장 행복한 쉼표

티타임이라는 행복한 시간을 발명한 사람은 누굴까. 티타임이 영국 상류사회에 기원을 두고 있다고는 하지만 정확하지 않다. 그렇지 않은가. 티타임이 무슨 전등이나 전화기도 아닌데 발명자가 있을 리 없다.

발명까지는 아니어도 영국에서 티타임이 성행한 것은 분명하다. 영국의 티타임은 식민지 개발 러시를 타고 홍콩, 호주, 뉴질랜드, 케냐, 모리셔스 등지로 퍼져나갔다. 영국연방에는 거의 모두 티타임 문화가 있다고 봐도 좋다. 과거에는 티타임을 지키느라 군인들이 전쟁도 쉬었다고 하는데 오늘날의 티타임은 그저 시간 날 때 즐기는 선택적 휴식에 가깝다. 우리가 커피타임을 갖듯.

그게 제도로 행해지고 있든 아니든 티타임이라는 단어가 있다는 것만으로도 왠지 세상이 한 뼘쯤 따스해지는 기분이다. 향긋한 차 한잔과 달콤한 스콘이 주는 위안은 오후 시간뿐 아니라 인생 전체에 안정감을 준다.

제대로 된 티타임을 갖기 위해서는 엄정한 재료가 필요하다. 뉘엿뉘엿 기울기 시작하는 햇살, 꽃무늬가 화려하게 들어간 영

국산 도자기, 금속 재질의 3단 트레이 같은 것. 대체로 낭만적인 재료들이다. 특히 3단 트레이는 세계 어느 호텔 카페든 애프터눈티Afternoon tea를 요청하면 딸려 나온다. 이를 완성하기 위해서는 샌드위치, 스콘, 쿠키라는 메뉴적 위상이 필요하다.

티푸드의 하단을 떠받치는 샌드위치의 경우 전통을 따르자면 오이 샌드위치, 햄치즈 샌드위치, 달걀 샌드위치 이렇게 세 가지 구색을 갖춰야 한다. 중간 단의 스콘도 그냥 내오는 게 아니라 클로티드 크림Clotted cream과 딸기잼을 곁들여야 한다.

클로티드 크림을 만들기 위해서는 우유가 필요하고, 우유를 오래 끓인 다음 얇은 팬에 넣어 굳혀야 하고, 우유를 만들기 위해서는 또 소가 필요하다. 소를 위해서는 풀이 필요하고, 풀을 위해서는 흙과 물, 햇살과 바람이 필요하다. 흙을 만들기 위해서는 뭔가 썩어야 한다.

이런 무한대의 시간과 재료들과 공간들을 생각하면서 하릴없이 시간을 보내는 것이 나의 티타임이다. 내 인생 전체로 놓고 보면 지금이 바로 그런 때다. 열심히 달렸으므로 차 한잔 앞에 놓고 멍 때려야 할 때.

ㅂㅍ
ㅂㅎ

버건디 팥죽: 내 영혼의 차칸 수프

팥죽은 영험한 힘이 있다. 누구에게나, 어느 나라나 소울푸드 하나씩은 있는 법이다. 일본 사람들은 흰 죽을, 미국 사람들은 치킨 수프를, 러시아 사람들은 보르시Borshch를 먹는다. 미국의 치킨 수프와 러시아의 보르시 중에서 하나를 고르라면 보르시다. 색깔만 봐도 화이트 치킨 수프보다 버건디 보르시가 확실히 에너제틱하다.

그러나 보르시보다 더 확실한 버건디가 있다. 우리나라 팥죽이다. 컨디션이 안 좋다 싶으면 나는 단골집에 찾아가 팥죽 한 그릇을 먹는다. 붉고 걸쭉한 팥 국물을 한 숟가락씩 떠먹다 보면 몸에 열이 나면서 면역세포의 힘이 세지는 느낌이 든다. 한 그릇 다 먹을 때쯤이면 어느새 몸이 가뿐해진다. 기어들어갔다가 걸어 나오게 하는 음식이랄까.

내가 자주 가는 팥죽집은 망원동에 있는 '또또칼국수'다. 해물칼국수가 주된 메뉴지만 걸쭉한 팥국물에 찹쌀 새알심을 동동 띄운 이 집의 팥죽은 정말 별미다. 또또칼국수는 세련된 카페 레스토랑이 차고 넘치는 망원동에서 수수한 표정으로 장사하고 있는 오래된 맛집이다. 품위 있는 놋그릇도 아니고 '윤기탱천' 도자기 그릇도 아닌 하얀 플라스틱 그릇에 장식 없이 담겨 나오는 팥죽 한 그릇.

팥죽집에 나는 혼자 간다. 숟가락 가득 찰랑찰랑 팥국물을 떠서 목구멍으로 넘기다 보면 가슴 저 밑바닥까지 차분해진다. 원래 모든 몸의 병이 마음의 병에서 시작된다는 것을 알고 있다. 마음이 차분한 상태에서는 정말 누구와 아무런 대화도 나누고 싶지 않다. 내 마음에 집중하고 싶을 뿐.

반찬도 필요 없고, 젓가락도 필요 없고, 씹을 필요도 없는 뜨거운 팥죽 한 그릇. 세상에서 가장 간결한 한 끼다.

버건디 페이브먼트: 어쩌다 혁명 도구

페이브먼트Pavement는 위장된 혁명 도구다. 요즘 보도블록은 색도 모양도 많이 다양해졌지만 내 어린 시절 보도블록 하면 보통 버건디였다. 바닥이 핏빛을 띠었던 게 단순한 우연으로 보이지 않는 것은 내가 격동의 80년대를 관통한 세대여서일지도 모르겠다.

1980년대 그 뜨겁던 시절, 우리 청년들은 거리의 보도블록을 깨서 독재에 저항하는 무기로 삼았다. 군부의 군홧발과 최루탄에 맞서 원거리 공격이 가능한 도구는 화염병과 보도블록밖에 없었으니까. 그런데 우리보다 먼저 보도블록을 깬 이들이 있다.

정치는 거리에 있다! 보도블록 아래 해변이 있다! 라는 구호로 유명한 프랑스 68혁명이 그것이다. 68혁명은 자유의 기치를 잃어가는 프랑스 주류사회에 대항해 대학생이 주축이 되어 봉기한 사건이다. 자유를 갈망하며 거리로 쏟아져 나온 학생들은 경찰에 맞서 보도블록을 깼다. 그때나 지금이나 학생 손에 무기가 있을 리 없으니까. 서양이나 동양이나 보도블록을 붉게 만드는 건 그래서가 아닐까. 미래에 있을지도 모르는 사태를 대비해 미리 주술을 거는 것이다. 보도블록에 묻혔던 피를 기억하자!

68혁명의 발단은 퍽이나 사소했다. 파리 '시네마테크 프랑세즈Cinémathèque Française'는 비디오, 유튜브가 없던 시절, 전 세계 영화 작가들의 작품을 한 자리에서 만날 수 있는 작가주의 전용 극장이었다. 영화광들의 아지트였고, 세계를 볼 수 있는 창이었고, 예술을 사랑하는 이들의 쉼터였다.

당시 드골 정부의 문화부장관은 『인간의 조건』을 쓴 앙드레 말로였다. 이 위대한 작가는 관료가 되면서 반정부 영화를 상영한 책임을 물어 시네마테크 프랑세즈의 관장인 앙리 랑글루아를 해임해버린다. 그토록 파시스트를 혐오하던 말로가 말이다.

학생들이 가만있을 리 없다. 프랑스는 다른 어떤 가치보다 자유를 소중하게 생각하는 나라 아닌가. 학생들은 삼삼오오 시네마테크 앞에 모여 랑글루아를 즉각 석방할 것을 요구했다. 사태는 간단하게 끝나지 않았다. 극렬 학생들은 내친김에 미국의 베트남전쟁까지 반대하며 '아메리칸 익스프레스'의 파리 지사를 습격했다.

이때 프랑스 정부는 학생 여덟 명을 구속시켜버리는데 이 일은 벌집을 건드린 꼴이 되어 전 파리 시내 대학생들이 들고 일어나게 된다. 이제는 랑글루아가 문제가 아니다. 그들은 체포된 학생들을 석방하라는 구호를 외친다. 사태는 걷잡을 수 없이 커

져 노동자의 총파업으로, 여성의 인권운동으로, 히피들의 반기독교운동으로 번진다. 본격적으로 68혁명의 막이 오른 것이다. 68혁명의 정신은 전 세계로 퍼져 나가 독일, 미국, 일본까지 체제전복운동에 가담하게 된다. 지금 한창 뜨거운 환경운동, 반핵운동, 미투운동의 뿌리가 68혁명인 것은 부정할 수 없는 사실이다. 물론 68이 낳은 사생아도 있다. 마약, 프리섹스, 경제적 양극화가 그것이다.

파리 시민이 원하는 것은 하나였다. 자유! 프랑스에서 자유를 억압하는 모든 행위는 죄악이다. 1789년 프랑스혁명 때도 그랬지만 그들은 자유를 쟁취하기 위해서 폭력쯤은 얼마든 사용할 수 있다고 생각한다. 아니 폭력만이 폭력적인 정부와 폭력적인 관습을 뒤엎을 유일한 수단이라고 믿는다.

보도블록 아래 해변이 있다Sous les pavés, la plage는 68혁명의 핵심을 정확하게 간파한 구호였다. 페이브Pavés, 즉 보도블록 아래는 모래가 깔려 있다. 모래는 해변에서 공수해온 모래다. 해변은 자유의 공간, 해방된 공간을 의미한다. 자유를 만끽하려면 보도블록을 걷어내야 한다. 걷어낸 보도블럭으로 투쟁의 대열에 서야 한다는 게 이 구호의 요지이다.

이즈음에서 정지용 시인의 「카페 프란스」를 음미해보는 건 어떨까. 이 시에는 서구의 다양한 물상이 등장하는데 프란스와 페이브먼트라는 단어가 눈길을 끈다.

옮겨다 심은 종려나무 밑에
빗두루 선 장명등,
카페 프란스로 가자.

이놈은 루바쉬카
또 한 놈은 보헤미안 넥타이
뺏쩍 마른 놈이 앞장을 섰다.

밤비는 뱀눈처럼 가는데
페이브멘트에 흐늙이는 불빛
카페 프란스에 가자.

이 놈의 머리는 빗두른 능금
또 한 놈의 심장은 벌레 먹은 장미
제비처럼 젖은 놈이 뛰여 간다.

오오 패롤 서방! 굳 이브닝!

굳 이브닝!(이 친구 어떠하시오)

울금향 아가씨는 이밤에도
경사 커-틴 밑에서 조시는구료!

나는 자작의 아들도 아모것도 아니란다.
남달리 손이 히여서 슬프구나!

나는 나라도 집도 없단다
대리석 테이블에 닷는 내뺌이 슬프구나!

오오, 이국종 강아지야

내발을 빨어다오.

내발을 빨어다오.

_정지용, 「카페 프란스」

여행 이야기: 영화《몽상가들》을 따라가는 파리 여행

• • • '예술의 도시' 파리가 아니라 '혁명의 도시' 파리로 여행을 떠나보자.

베르나르도 베르톨루치의 영화《몽상가들》은 자유를 꿈꾸며 혁명의 구호를 외치던 시절 이야기다. 카메라는 파리 곳곳을 비추며 68혁명의 향수를 자극한다.

이야기는 1968년, 베트남전쟁 징집을 피해 고국을 떠나 온 미국 청년 매튜로부터 시작한다. 매튜는 시네마테크 시위 현장에서 우연히 테오, 이사벨 쌍둥이 남매와 마주친다. 영화라는 공통분모로 인해 그들은 급속도로 가까워진다. 이럴 때 보통 부모님들은 장거리 여행 중이다. 그렇게 세 사람은 함께 살게 된다.

셋 다 지독한 영화광이어서 세상의 온갖 영화들을 호출하며 하루종일 영화적 판타지에 잠겨 지낸다. 그러다가 혁명이 발발하고 쌍둥이 남매는 거리로 뛰쳐나온다. 처음에는 방관적이던 매튜도 곧 시위대에 휩쓸리는 것으로 이야기는 끝난다.

엔딩의 의미는 무엇일까. 프랑스가 먼저 혁명을 시작하고, 미국이 그 뒤를 따른다는 의미로 받아들이면 안 될까. 영화라는 울타리

안에서는 너나 없다는 뜻으로 해석해도 좋을 것이다.

샤요궁에 세 들어 있던 시네마테크 프랑세즈는 지금 그 자리에 없다. 파리 베르시 지역으로 이사했다. 극장이 빠져나간 시네마테크는 원래 대로 샤요궁에 흡수됐다. 샤요궁이 에펠탑을 가장 예쁘게 찍을 수 있는 포토 포인트인 것은 짚고 넘어가자. 히틀러도 이곳에서 에펠탑을 배경으로 기념사진을 남겼다.

경찰의 추적을 피해 시위 현장을 벗어난 세 친구는 샤요궁 왼편

에 있는 드빌리 다리를 건넌다. 이 다리는 1900년 개최된 파리만국박람회장 출입을 위해 건설된 인도교다. 길이는 125미터. 한강대교의 인도교가 1005미터인 것에 비추어보면 지극히 아담한 규모다. 이 다리를 건너면 프랑스 국립인류사박물관인 '케 브랑리 박물관'과 만난다. 다리 이편에는 '프랑스 근대 미술관'이 자리 잡고 있다.

세 사람이 프랑수아 트뤼포 감독의 영화 《쥘 앤 짐》을 흉내 내며 전력질주하던 곳은 루브르박물관이다. 국립인류사박물관 옆에 위치한다. 워낙 유명한 곳이니만큼 다른 설명이 필요 없겠지만 한 가지는 알아두자. 루브르를 전부 관람하려면 파리에서 늙어가야 할지도 모르니 꼭 하나만 보겠다 생각하고 방향을 잡아야 한다.

우리나라 사람이 좋아하는 코스는 레오나르도 다빈치의 〈모나리자〉를 찾아가는 드농관 그랑갤러리 루트다. 세계에서 가장 아름다운 복도라 이름 붙은 이곳에는 〈사모트라케의 니케〉가 소장되어 있다. 한편 루브르는 팔레 루아얄 역 6번 출구와 지하 통로로 연결된다.

《몽상가들》 속 테오가 다니는 대학교는 파리 5대학인 데카르트 대학이다. 이 학교는 생제르맹 거리에 인접해 있는데 이곳에서 센강 쪽으로 걸어가다 보면 생미셸 다리가 나오고, 바로 노트르담 성당이 있는 시테 섬으로 이어진다.

영화 마지막에 이르러 극렬한 시위가 벌어지던 메시네 거리도 둘러보자. 화염병 불길 아래 여기저기 나뒹굴던 페이브 조각이 눈길을 끌던 그 거리는 언제 그랬냐는 듯 평온하다. 페이브도 잘 정돈되어 있다. 그럼에도 여차하면 뽑혀나갈 태세로 파리 시내를 떠받치고 있다는 것은 기억해둬야 한다. 메시네 거리는 몽소 공원 근처에 있다.

버건디 페이크 퍼: 동물을 사랑하는 사람이 중산층

페이크 퍼Fake fur는 사람이 살 만한 세상을 추구한다. 에코 퍼라고도 불리는 페이크 퍼는 인공소재로 만든 가짜 모피를 뜻한다. 최근 동물보호 인식이 확산되면서 가짜 모피가 패션계의 주요 아이템으로 등장했다.

오랜 기간 모피 코트는 멋쟁이의 필수템이었다. 필리핀 마르코스 전 대통령의 영부인 이멜다 여사가 모피의 아름다움에 반해 유럽에서 다량의 모피 코트를 공수해온 이야기는 유명하다. 필리핀은 모피가 소용없는 열사의 나라다. 그녀는 호텔 연회장에 수십 대의 에어컨을 틀어놓고는 상류층 사모님들을 초대해 모피 코트 파티를 열었다.

필리핀은 우리나라가 장충체육관을 지을 당시 필리핀 원조설이 돌 만큼 기술력이 뛰어난 국가였다. 그런 나라가 한갓 개발도상국으로 주저앉은 배경에는 기득권의 부패가 자리 잡고 있다.

모피 코트를 만드는 데 1년에 5000만 마리에 가까운 동물이 도살된다고 한다. 옷 한 벌 만드는 데 토끼와 여우는 수십 마리가 죽어야 하고, 밍크는 수백 마리까지 희생된다.

"인도적인 모피는 없다!" 국제동물보호단체인 페타PETA에 따르면, 모피로 사용되는 밍크, 여우, 토끼, 래쿤, 담비 같은 동물의 85퍼센트가 공장식 농장에서 사육된다. 이런 사육 방식은 축산 동물인 소, 돼지, 닭을 키우는 것과 비슷하다.

원래 밍크, 여우, 래쿤 같은 동물은 야생에서 독자적으로 생활하며 눈밭을 뛰어다니고, 강물을 헤엄치고, 나무를 오르내리고, 사냥하며 사는 게 정상이다. 이런 동물을 철망으로 만든 우리에 몰아넣어 기르니, 스트레스를 견디지 못하고 우리 안을 뱅뱅 돌거나 자기 꼬리털을 물어뜯거나 동족끼리 잡아먹는 비정상 행동을 벌인다.

잘못된 사육 방식도 문제지만 도살하는 방법도 비윤리적이다. TV를 통해 확인한 모피 농장 잠입 취재 영상은 참혹 그 자체였다. 아직 숨이 붙어 있음에도 동물의 털가죽을 벗기는 일이 자행된다. 사후경직이 오면 깔끔하게 벗기기가 어렵기 때문이다. 허공에 대롱대롱 매달려 피륙이 벗겨진 후에는 다른 사체들 위에 쓰레기더미처럼 던져진다.

규정을 지켜 인도적으로 살해하고 있다고 주장하는 업체도 없지는 않다. 그런데 인도적인 살해라는 게 가능할까. 가스를 사용한 질식사나, 항문에 전깃줄을 꽂아 죽이는 감전사, 약물을 이용해 근육마비를 유도하는 것이 인도적인 살해일까.

전 세계적으로 '모피프리' 운동이 확산되고 있다. 보스, 조르지오 아르마니, 구찌, 캘빈클라인, 랄프로렌, 토미힐피거, 자라, 톱숍 같은 세계적인 브랜드가 모피 사용을 중단하겠다고 선언했다. 일부 업체는 오리털 점퍼나 구스다운 점퍼에 들어가는 다운에 대해서도 엄격한 잣대를 들이대고 있다. 서구에서는 동물학대를 엄격하게 처벌하는데, 아동학대와 동일한 수준으로 처벌하는 나라도 많다.

언젠가 페이스북에 '개를 식용으로 사용하지 말자'는 주제로 글을 썼다가 적지 않은 반론에 직면했다. 개 식용을 우리 고유문화로 인정해야 한다는 전통적인 반론부터 그럴 양이면 소, 돼지도 먹지 말아야 한다, 개만 편애하는 것은 옳지 못하다는 내용이 주를 이뤘다.

내 입장은 그렇다. 우리 곁에는 개, 고양이가 있다. 눈앞에 보이는 개와 고양이를 사랑하면, 시골에 가야 만날 수 있는 소와 돼지도 사랑하게 되고, 그렇게 되면 그들을 먹는 일까지 참을 수 있다. 가까이 있는 것부터 사랑하기. 이게 순서가 아닐까.

모피를 제공하는 동물은 시골에서도 구경할 수 없고 동물원에나 가야 만날 수 있다. 이런 동물까지 사랑한다면 생명 사랑은 당연한 일이 된다. 자기를 돋보이게 하기 위해 동물 살해를 방조하는 사람과 동물의 생존권을 위해 페이크 퍼를 착용하는 사람. 누가 더 인류를 사랑할 가능성이 높을까.

인조모피 기술이 하루가 다르게 발전하는 가운데 우리나라는 오히려 주요 모피 수입국으로 부상하고 있다. 여전히 모피프리와 동물보호에 대한 인식이 부족한 실정이다. 점퍼 모자에 짐승 털을 덧댄 '퍼 트리밍'이 보편화되면서 모피를 전혀 사용하지 않은 겨울옷을 찾기 힘든 지경이 됐다. 이즈음에서 중산층의 기준은 재정립되어야 한다. 30평 이상 아파트 자가 소유에 2000cc급 중형차를 모는 사람이 중산층이 아니라, 동물을 사랑할 '마음의 여유'가 있는 사람이 중산층이다.

여행 이야기: 에코투어 여행지 알래스카

...최근에 필리핀 보라카이 해변이 잠정 폐쇄됐다가 재개장한 일도 있었지만, 인간의 무분별한 개발과 개념 없는 사용이 자연을 황폐화시킨 예는 흔하다.

에코투어란 환경 파괴를 최대한 억제하면서 자연을 즐기는 여행법을 말한다. 에코투어리즘, 생태관광이라고도 한다. 그 지역의 생태를 돌아보면서 여행 일정에 자연보호활동 프로그램을 넣거나 여행 지역의 생태를 배우는 학습 프로그램을 추가하기도 한다.

에코투어로 인기를 얻고 있는 지역으로 알래스카가 있다. 캐나다 동쪽 끝에 위치하는 이 땅은 1867년 러시아가 미국에 720만 달러를 받고 판 것으로 유명하다. 우리나라 독도 분쟁만큼은 아니지만 아주 가끔 러시아 측의 매각 무효 주장이 일어나곤 한다. 그만큼 알래스카는 자원이 풍성하고 군사적으로 중요한 곳이다.

북극권역이니까 알래스카가 아주 추울 것 같지만 여름 기온은 영상 16~27도로 매우 온화한 편이다. 알래스카에는 국립공원 13개가 있는데 알래스카의 자연을 방문한다는 것은 곧 에코투어의 세계로 들어가는 것을 뜻한다.

땅끝마을 호머에서 출발해 앵커리지에서 여정을 마무리하는 사흘짜리 에코투어 코스에 참여해보자. 이 투어는 거센 파도가 몰아치는 카케마크 베이를 내려다보며 절벽길 하이킹을 즐기는 것으로 시작한다. 식사는 농장에 딸린 식당에서 유기농 식단으로 진행한다.

호머에는 40만 에이커에 달하는 카케마크 주립공원이 있어 순록, 해달, 수달, 대구, 대머리독수리를 관찰할 수 있다. 이 길은 케나이 피오르드 국립공원으로 이어지는데 인근 수어드 마을에서는 수천 피트에 달하는 하딩 아이스필드 얼음 직벽을 감상하는 일이 기다리고 있다. 산양과 흑곰의 생태를 관찰하는 것은 덤이다. 마지막으로 거드우드를 거쳐; 앵커리지에 다다르는 것으로 에코투어는 마무리된다.

알래스카를 여행할 때는 자연에 어떠한 피해도 주지 않는 게 핵심이다. 수려한 빙하, 맹렬한 기세로 흐르는 강, 매혹적인 지역 문화, 다양한 동식물을 있는 그대로 감상만 하고 손대지 말아야 한다. 캠핑은 가능하지만 많은 인원이 단체로 야영하는 것은 금지되어 있다. 서너 명 이하로 조용히 움직여야 한다. 동물이 놀라면 안 되니까.

지정된 산책로를 벗어나지 않는 것은 기본이고, 음식물을 포함한 그 어떤 쓰레기도 버리지 않아야 한다. 캠프파이어는 초목 훼손에 직접적으로 영향을 미치기 때문에 아무리 낭만적인 하룻밤을 보내고 싶어도 참아야 한다.

알래스카 말고도 세계적으로 유명한 에코투어리즘 여행지가 꽤 된다. 스위스는 훌륭한 자연경관만큼 친환경 여행이 보편화되어 있는데 아이러니하게 지구온난화의 심각성을 체험할 수 있는 프로그램이 인기를 끌고 있다. '글레이셜 에듀케이트 패스Glacial Educate Path'은 빙하가 녹아내리는 길을 따라 트레일이 이어져 환경파괴에 대한 경각심을 갖게 한다.

아프리카 세이셸의 버드 아일랜드는 TV와 전화, 라디오, 컴퓨터 없이 사람과 자연만 존재하는 에코투어리즘을 실시하고 있다. 한편 페루는 국토의 절반 이상이 아마존 열대우림에 속해 있어 이색적인 친환경 여행지가 많다. 파라카스 국립자연보호지구를 방문하면 보트를 타고 훔볼트 펭귄과 바다사자를 만나러 갈 수 있다.

버건디 풍차: 풍차 거인아 덤벼라

◉ 풍차는 무기 든 거인이다. 소설 『라 만차의 돈키호테』를 보면 돈키호테가 풍차를 '무기 든 거인'으로 오해하고 덤비는 장면이 나온다. 『라 만차의 돈키호테』는 현대소설의 효시로 꼽힌다. 그 전에도 물론 소설이 존재하기는 했다. 하지만 현대소설은 그 전에 있었던 고대소설과는 전혀 다른 장르다.

고대소설은 영웅이 악으로부터 선을 지키는 이야기가 뼈대를 이룬다. 고아 출신 청년이 용으로부터 미녀를 구하는데 알고 보니 그는 왕자였다는 식이다. 거지 몰골 이몽룡이 변사또로부터 춘향이를 구해내는데 알고 보니 몽룡은 암행어사였다. 반면 현대소설은 '공동체에서 분리된 근대적인 개인'이 '자기를 찾아 떠나는 여행'으로 정의된다. 구출해야 할 것은 타인이 아닌 자신의 내면이다.

루카치는 현대소설을 일컬어 '아이러니'라고 했다. 자기탐색 여행이 끝나면서 길이 시작되기 때문이다. 길이 시작되면서 여행이 마무리된다고 해도 틀린 말이 아니다. 자기가 누군지 안 후에야 어깨 펴고 당당하게 세상으로 나아갈 수 있다는 점에서, 어른이 된다는 것은 나만의 소설을 써나가는 작업이라고 할 수 있다.

현대소설이 자기를 찾아 떠나는 여행이라면 현대인의 여행도 이와 다르지 않다. 세상 풍속을 구경하기 위한 여행은 이제 의미가 희미해졌다. 화질 좋은 TV가 지구 구석구석을 비춰주기 때문이다. 소설이 그러하듯 여행은 참된 나를 찾게 해준다. 여행은 서서 하는 독서고, 독서는 앉아서 하는 여행이라는 말도 있지 않은가.

우리의 조상은 식량과 잠자리를 찾아 멀리멀리 이동했다. 그들에게 머무름은 곧 죽음이었다. 유목의 기억을 간직한 현대인은 밖이 아닌 내면을 확장시키며 복잡한 사회에 적응해 나간다. 내부가 널찍해야 외부를 편안하게 수용할 수 있다. 또한 인간의 내면은 외부와 타협하고 적응하는 과정에서 깊이와 넓이를 확보한다. 밖과 안은 상호 조응 관계에 있다.

여행은 우리에게 다양성을 연습시킨다. 낯선 풍경 속에서는 일상도 '모험'이다. 한 끼 때우기 개념이었던 식사조차 여행지에서는 미션이 된다. 처음 보는 음식을 그 나라 말로 주문해야 하는 것부터가 그렇다. 너무 맵지는 않을까, 특이한 향이 나지는 않을까, 잘못시켜서 디저트나 애피타이저를 먹게 되는 것은 아닐까, 외국인이라고 무시하고 이상한 향료를 잔뜩 뿌리지는 않을까? 실제로 일본 오사카의 한 식당에서는 한국인 손님을 골탕 먹이기 위해 초밥에 와사비를 잔뜩 넣어서 제공했다고 하지 않은가.

패키지 여행에서는 죽었다 깨어나도 얻을 수 없는 것이 있다. 두려움이다. 인간은 두려움에 탐닉하는 존재다. 두근거림을 즐기기 위해 암벽을 타고, 두방망이질 심장 소리가 좋아 사랑에 빠진다.

두려움은 심장을 뛰게 만든다. 살아있음을 깨닫게 해준다. 영화 감상이 가장 안전하고 저렴한 방법으로 경험하는 두려움이라면, 여행은 가장 불안정하고 비싸게 경험하는 두려움이다.

알고 보면 여행자는 모두 돈키호테다. 비루한 삶이라는 풍차 거인에 맞서는 돈키호테, 나를 찾기 위해 길 떠나는 돈키호테. 이기지 못할지도 모른다. 풍차 거인은 실제가 아니므로. 하지만 허상을 이기기 위해 또 다른 허상을 찾아 떠나는 게 여행자의 자세라면 어쩔 것인가.

돈키호테는 지나친 독서와 사색이 삶을 망칠 수도 있다는 것을 몸으로 보여준 사람이다. 하지만 그 망가진 삶이 진짜 삶이라면 돈키호테로 살아보는 것도 괜찮지 않을까.

돈키호테도 돈키호테지만 나는 이 책을 읽기 전 그의 길동무인 산초 판사에게 더 큰 흥미가 있었다. 아니 법조인(판사)이 뭐가 부족해서 미치광이의 하인 노릇을 하지? 알고 보니 산초 판사의 직업은 농부였다. '판사'는 라스트 네임이었다.

여행 이야기: 암스테르담 옆 풍차 마을

• • • 네덜란드 잔담에 있는 잔세스칸스는 동네 전체가 민속박물관이다. 그림 같은 호수를 배경으로 거인 같은 풍차가 열을 지어 서 있다. 과거에는 수천 대가 있었다고 하는데 지금은 단 몇 대만 남아 명맥을 잇고 있다. 일본 나가사키에 있는 테마공원 하우스텐보스의 모델인 탓에 일본인이 많이 방문하는 여행지이기도 하다. 이곳을 방문하면 전통 나막신 작업장, 치즈 공장, 제분소 등을 구경할 수 있고, 네덜란드산 치즈도 저렴하게 구입할 수 있다.

암스테르담 중앙역에서 15분 간격으로 운행하는 391번 버스를 타면 잔세스칸스까지 40분 만에 도착할 수 있다. 891번 버스는 직행이라 좀 더 빨리 갈 수 있지만, 1시간 간격으로 운행한다. 유레일을 이용할 경우 암스테르담 중앙역에서 잔딕-잔세스칸스Zaandijk Zaanse Schans역까지 올 수 있다. 17분가량 소요된다. 기차역에서 풍차 마을까지는 좀 걸어야 하는데 하절기에는 관광용 자전거 택시를 타는 것도 괜찮다. 자전거 택시는 세발자전거를 개조한 것으로 점심시간을 제외한 10시부터 12시까지, 오후 2시부터 4시까지 운행한다. 마을 입장은 무료지만 화장실 이용은 유료다.

잔세스칸스를 다 둘러보았다면 이곳에서 출발하는 폴렌담, 마르켄 행 페리에 탑승해보는 것도 추천한다. 네덜란드 전통의상을 입은 주민들, 아름다운 건물, 하얀 등대, 방파제, 나룻배 같은 볼거리가 풍차 이상의 재미를 준다.

슬로베니아의 블레드는 '동화 같은 여행지, 세계 톱 10'에 늘 뽑히는 마을이다. 얼마나 아름답던지 유고슬라비아의 전 대통령 티토는 이곳 호숫가에 별장을 짓고, 전 세계 주요 인사를 초청해 파티를 열곤 했다. 북한의 김일성도 이곳에 초대되어 방을 배정받았다. 티토의 별장은 지금 '호텔 빌라 블레드'가 되었다.

블레드 호수는 틀로 찍어낸 것 같은 타원형이기 때문에 실제 크기에 비해 아늑한 느낌이 강하다. 하지만 7킬로미터에 달하는 호수 둘레는 결코 짧지 않아서 호수 주변을 산책하는 데만 두 시간 넘게 걸린다.

블레드 호수 한가운데 떠 있는 블레드 섬은 슬로베니아 전체를 통틀어 유일한 섬이다. 그 나라에 딱 하나 있는 섬이 강도 아니고, 바다도 아니고, 호수에 떠 있다는 사실. 블레드 섬에 닿으려면 전통 나룻배인 플래트나[Pletna]를 타야 한다. 블레드 섬으로 가는 유일한 교통수단인 이 배는 블레드 호수 동쪽 선착장에서 탈 수 있다. 류블랴나와 이어지는 도로가 호수 동쪽에 있어 이곳에 주 선착장을 만든 것인데 사실 북서쪽에도 작은 나루터 하나가 숨어 있다.

오후 나절 블레드 섬 전경을 찍을 생각이라면 북서쪽 선착장에서 탈 것을 추천한다. 역광을 피할 수 있기 때문이다. 이곳의 명물인 백조를 가까이서 감상하는 행운은 덤이다. 플래트나는 10명이 모여야 출발하기 때문에 승선 시간이 무한정 길어질 수 있다는 건 함정.

호숫가 선착장에서 섬까지는 500미터 거리밖에 안 되지만 플래트나 탑승료는 15유로나 한다. 탑승료는 섬에서 일정 시간을 보낸 후 회항 시에 지불한다.

블레드 섬 중앙에는 바로크 양식의 성모 마리아 승천교회가 있다. 사랑하는 사람이 99개 돌계단을 밟아, 성모 마리아 승천교회 종탑의 종을 세 번 울리면 행복하게 산다는 전설이 있다. 그래서 많은 슬로베니아 커플들이 이곳 교회에서 결혼식을 올리고 싶어 한다. 블레드 호수에 가려면 류블랴나 버스터미널에서 블레드 · 보힌 행 버스에 탑승하거나, 류블랴나 역에서 열차를 타면 된다. 어떤 방법이든 1시간 전후로 블레드 호수에 닿을 수 있다.

플래트나는 블레드 섬으로 가는 유일한 교통수단이다. 사람은 섬이다. 섬과 섬을 오가기 위해서는 말이라는 목선[Flat boat]이 필요하다. 쾌속정으로 갈 수 있다면 섬이 아니다. 흔들리며 표류

하며 간신히 닿게 되니까 섬인 것이다. 그래서 말인데, 당신의 오해는 전적으로 내 말재주가 없어서다.

버건디 하이힐: 여자 인생의 무게를 떠받치다

하이힐은 힘이 세다. 하이힐은 여자의 몸무게를 넘어 '인생의 무게'까지 송두리째 떠받친다. 여자의 신체 부위에서 가장 못생긴 곳을 고르라면 단연 발이 아닐까. 발은 손에 비해 정교하지 못하고 울퉁불퉁하며 쉽게 갈라지고 벗겨지고 대체로 딱딱하게 굳어 있다.

아이러니한 이야기지만 여자의 의류, 장신구를 통틀어 가장 아름다운 것을 고르라면 누가 뭐래도 하이힐이다. 그 유려한 곡선과 아찔한 굽이라니. 세상 어느 물건이 이렇게 날렵하고 섹시할 수 있을까.

많은 여자가 구두를 사랑한다. 미드《섹스 앤 더 시티》의 캐리는 길에서 강도를 만나 "돈, 핸드백, 시계 다 가져도 되지만, 마놀로 블라닉만은 안 돼요!"라고 외쳤다. 마놀로 블라닉은 버클을 연상시키는 사각형 금속 장식으로 유명한 구두 브랜드다.

길을 걷다 보면 하이힐이나 스틸레토힐을 신은 여자들이 눈에 들어온다. 그녀들이 신은 하이힐, 날렵한 게 정말 예쁘다. 설사 그 속에 굳은살 박인 발가락과 발바닥이, 무지외반증으로 인해 기형으로 뒤틀어진 발이 들어있을지라도 시침 떼고 태연한 표정으로 그녀의 체중을 버티는 구두를 보면 "정말 대견해!" 쓰다듬어주고 싶어진다.

픽사베이에서 발견한 하이힐 사진은 공교롭게 중국풍이다. 그래서일까. 저 하이힐을 보는데 중국의 전족 풍습이 떠올랐다. 전족은 어린 여자아이의 발을 인위적으로 묶어 성장하지 못하게 하던 풍속이었다. 10센티미터 내외의 발이 가장 인기를 끌었다고 한다. 그러다 보니 단순히 묶는 것만으로 부족해서 발가락을 강제로 부러뜨려 발밑으로 접어넣는 경우도 있었다. 그냥 부

러뜨리면 안 부러지니까 닭을 삶아서 그 속에 여자아이의 발을 묻어 연하게 만든 다음 획 부러뜨렸다고.

현대의 하이힐은 전족과 같은 강제성은 없다. 하지만 아직 우리 사회는 알게 모르게 여성에게 하이힐을 강요한다. 외형적으로 늘씬하게 보여야 유리한 직업이 적지 않다.

여성스러움의 상징, 아름다움의 상징인 하이힐을 나는 한 번도 신어보지 못했다. 하이힐을 즐겨 신기엔 내 키가 좀 컸고, 하이힐에 어울리는 직업을 가져보지도 못했다. 한번 신어보고 싶지만 균형도 못 잡을 것 같고, 발이 아플 것 같고, 어지러울 것 같고, 척추가 휠 것 같고, 생각만 해도 무섭다.

장미향은 삶의 수고에 대한 보상이다. 향기가 신체를 치료한다. 좋은 향을 맡으면 마음이 차분하게 가라앉는데 심리적인 효과만이 아니라 실질적인 치료 효과도 있다. 실제로 유칼립투스 향은 호흡을 편하게 해주고, 장미유에 든 펜에틸알코올은 혈압을 감소시킨다는 보고가 있다. 이처럼 향으로 병을 치료하는 것을 아로마테라피Aromatherapy라고 한다.

나이가 들면 미각, 촉각, 시각, 청각 등 모든 감각 기능이 쇠퇴하는데 이상하게 후각은 점점 발달하는 느낌이다. 문헌을 찾아보니 나이 들수록 대부분의 신체 기능이 저하되면서 후각도 떨어지는 게 정상이라고 한다. 60세가 넘은 노령 인구 절반이 냄새를 잘 맡지 못한다는데 아직 그 나이가 되지 않아서일까. 전에 없이 밀폐된 실내에서 풍기는 특정한 냄새가 견디기 힘들다.

늘 그런 것은 아니지만 가끔 지하철에서 만나는 사람에게서 견디기 힘든 냄새가 난다고 친한 선배에게 얘기했더니 "너한테서도 난다"는 게 아닌가. 정말 그러냐고 몇 번이나 되물었더니 농담이라고 대답했지만, 그 후로 강박적 청결주의자가 됐다. 특히 전에 없이 향수 애용자가 됐다.

향수는 적절히 사용하면 타인은 물론 본인에게도 유익하다. 내 몸에서 은은한 향이 느껴질 때 여유로운 삶 속에 있다는 긍정의 기분이 든다.

내가 가장 좋아하는 향수는 장미 향이다. 끌로에 브랜드의 장미 향수는 하루를 기분 좋게 만들어준다. 오드퍼퓸Eau de perfume이기 때문에 옷 안감이나 머리카락 끝에 살짝 뿌려주는 정도로 즐기는 것이 좋다. 참고로 향수는 대부분 화학제품이기 때문에 피부에 직접 뿌리는 것은 좋지 않다.

최근에는 러쉬 브랜드에서 출시하는 장미 향 목욕용품과 고체 향수를 애용하고 있다. 장미 향 배스폼은 샴푸 대용으로도 쓸 수 있는데, 머리를 흔들 때마다 세련된 향기가 살포시 피어나 온종일 기분이 좋다. 신기한 것은 이 배스폼이 겉으로는 장미 향을 표방하면서 실제로는 잘 익은 포도주 향기를 풍긴다는 것이다. 맛보고 싶을 정도다.

은은한 재스민 향의 고체 향수는 가격이 만만해 우리나라 여성들이 영국 여행 시 선물로 많이 사들고 오던 것이었다. 최근에는 국내 매장에서도 쉽게 구할 수 있다.

체취가 좋은 사람이 부자다. 향수를 안 뿌려도 나무 수액처럼 은은한 향기를 풍기는 사람이 있다. 이런 사람이 진짜 잘 사는 사람이다. 좋은 환경에 놓여 있다는 이야기니까. 신선한 기름으로 튀긴 고구마튀김을 먹고, 방부제 안 들어간 수제 쿠키를 먹고, 농약 안 뿌린 채소를 먹는데 체취가 안 좋을 수 있나.

하루 동안의 좋은 향은 고단한 삶에 대한 작은 보상이다. 세상에서 가장 좋은 향수는 체취지만, 사정상 이를 수준급으로 유지하기 힘들다면 최소한의 향기 관리를 해보자. 아침에 눈 뜨자마자 머리카락 끝에 살짝 장미 향수를 뿌려보자. 머리카락은 상대적으로 화학제품에 안전하면서 향이 오랫동안 유지된다는 장점이 있다.

버건디 헤어: 튀는 게 아니라 이쁜 거야

버건디 헤어를 하면 세상이 달라 보인다. 머리색만 바꿨을 뿐인데 어떻게 그런 일이 일어나는 걸까. 일본 애니메이션《빨간머리 앤》을 보면 앤의 머리카락은 빨강이 아니다. 말이 빨강이지 주황색 내지 밝은 갈색에 가깝다.

원작자 몽고메리 여사는《빨간머리 앤》이 공전의 히트를 기록하자 앤의 성년기, 신혼기 그리고 중년기에 그 자손들의 이야기까지 소설로 엮었다. 그런데 여사의 손에 기록된 앤의 긴 인생 가운데 그녀가 머리를 와인색으로 염색했다는 이야기는 한 번도 없었다. 앤이 빨간머리를 버건디 헤어로 톤업했다면 어땠을까. 그녀의 인생이 더욱 경쾌해지지 않았을까 생각해보는데 사실 나도 시도해보지 못한 머리색이다.

홍대 거리에서 눈에 들어오는 버건디 헤어가 있었다. 세 명의 일행 중 두 여자가 똑같이 버건디 헤어였다. 그녀들은 시종일관 얼굴이 밝았다. 그녀들은 들떠 있었다. 생애 가장 빛나는 하루를 맞이한 것처럼 보였다. 어지간히 튀는 복장으로는 눈길을 받기 힘든 홍대에서 그녀들은 뭇 사람들의 시선을 끌어 모으고 있었다. 어디 카메라가 돌아가는 게 아닐까 싶을 정도로 과장된 발랄함을 보이는 두 여자, 자신감만으로도 예뻐 보였다.

해외여행 갈 때 나도 어지간히 튀는 편이다. 서울에서는 입기 힘든 노란색 재킷을 걸치고, 어깨끈 달린 톱도 입는다. 하지만 헤어를 바꿀 생각까지는 하지 못했다. 돌아와서 원상복구를 해야 하는데 이게 보통 번거로운 일이 아니다. 무엇보다 나는 미모가 특출하지 않다. 튀기만 하고 예쁘지 않다면 민폐일 것이다.

버건디 화장실: 배설하는 인간

여행지에서 화장실은 반가운 친구다. 여행 중 신경 쓰이는 것 중 하나가 화장실 문제다. 유럽의 경우 공중화장실이 드문데 대부분 유료다. 유료든 무료든 도심에서는 그나마 걱정이 덜하다. 문제는 교외에서 움직일 때다.

지금은 나아졌는지 모르지만 2014년만 해도 모스크바 도로 사정이 정말 좋지 않았다. 그 넓은 들판에 달랑 왕복 2차선 도로 한 줄만 만들어놓았다. 땅이 없는 것도 아니고 이왕 도로 까는 것 왕복 4차선, 8차선으로 해놓으면 좋았을 텐데 말이다. 좁디 좁은 도로에 화물차는 왜 이리 많은지. 100킬로미터를 이동하는 데 한나절이 걸렸다.

모스크바 외곽에서 시내로 진입하는 도로 위였다. 가장 막히는 지점이었다. 한 시간이 지나고, 두 시간이 지나도 버스는 별 달리 진전하지 못했다. 화장실 급하다는 소리가 여기저기서 들려왔다. 휴게소는 멀었고, 사방을 살펴봐도 화장실은커녕 오두막 한 채 보이지 않았다. 끝을 가늠할 수 없는 자작나무 숲만 막막하게 이어지고 있었다. 노랑머리 운전기사가 차를 세우며 눈

짓을 했다. 나가서 해결하고 오라고 하는 의미였다. 대체 어디서? 화장실은 어디에도 보이지 않았다. 설마 푸틴의 나라 러시아에서 노상방뇨를?

기사가 문을 열어주자 남자들이 먼저 쫙 흩어졌다. 그들은 마땅한 자작나무를 찾아 손쉽게 볼일을 보았다. 그들의 눈을 피하려면 여자들은 숲속 더 깊이 들어가야 했다. 그러나 들어가는 데도 한계가 있어 산을 넘지 않는 이상 완벽히 몸을 가리는 것은 불가능했다.

어쩔 줄 몰라 하는데 어떤 여자가 손가방에 들어있던 우산을 유유히 꺼내들었다. 그날 아침 모스크바 일대에 비가 내렸다. 아하! 여자들이 저마다 가방에서 우산, 양산을 꺼냈다. 없는 사람은 남의 것을 빌려서 몸을 가렸다.

나 역시 우산으로 몸을 가리고 자작나무 숲에다 실례를 했다. 사정이 그러하니 화장실만 보면 반가울 수밖에 없었다. 또 언제 만날지 모르는 일, 무조건 들르고 봤다.

화장실에 갈 때마다 들었던 생각인데, 인간은 겸손해야 한다. 아무리 저 잘났다고 해도 결국은 똥 누고 오줌 싸는 존재다. 잠자리에 들 때 내가 세계에, 인류에게 무슨 기여를 했는가 생각해 본다. 똥 보태고 오줌 보탠 거 말고는 기억이 없다.

홍콩은 마성의 도시다. 어느 도시든 고유한 매력이 있지만 홍콩은 이름부터 신기하다. 도시 이름에 콩 자가 들어간다는 사실이 너무 즐겁다. 한자로는 향항香港이지만 나의 홍콩은 붉은 콩이다.

홍콩은 그렇게 내게 붉은 색깔로 다가왔다. 1980년대 홍콩 영화는 인기가 대단했다. 할리우드 영화보다 많은 팬을 거느렸다. 홍콩 영화 하면 느와르다. 느와르란 마피아, 갱, 야쿠자, 살인 청부업자 같은 범죄조직을 다룬 영화의 총칭이다. 총, 칼, 각목이 등장하니 화면도 자연스레 버건디가 되어버린다. 피 튀고, 몸에 구멍 뚫리고, 혈흔이 낭자해지는 것이 느와르다.

연식이 있는 사람이라면 주윤발이 지폐로 담뱃불 붙이던《영웅본색》포스터를 기억할 것이다. 포스터에는 "《영웅본색》으로 의리를 배우고,《탑건》으로 꿈을 키우고,《라붐》으로 사랑을 배운다"는 문구가 쓰여 있다. 이 말대로라면 영화만 한 인생 교과서가 없다.

1970년 이소룡 시대를 시작으로 중흥하기 시작한 홍콩 영화는 1980년대 성룡, 주윤발에 이르러 정점을 찍은 후 1900년대 중반부터 위세가 꺾인다. 영화로운 시절은 갔지만, 그 시절 홍콩 영화를 좋아했던 사람이라면 현대의 홍콩을 보다 색다르게 여행할 수 있다. 모르고 지나치면 아무것도 아니지만 의미를 부여하면 명소다. 홍콩 빌딩 숲 곳곳에는 아는 사람만 아는 영화 촬영지가 있다.

《영웅본색》에서 주윤발이 트렌치코트를 휘날리며 활보하던 곳은 '황후상광장'이다. 이곳은 홍콩 센트럴에서도 핵심 중의 핵심 지역으로 빅토리아 여왕의 동상이 서 있어 이런 이름을 얻었다. 여왕의 동상은 일국양제一國兩制 이후 코즈웨이베이의 빅토리아공원으로 옮겨가고, 지금은 HSBC의 초대 은행장 토머스 잭슨 경의 동상만 남아있다. 광장 주변에는 홍콩 주요 건축물인 HSBC빌딩, 국회의사당, 홍콩최고법원, 만다린오리엔탈 호텔, IFC가 자리 잡고 있다. 영국령 홍콩은 1841년부터 1997년까지 156년 동안 존속했다. 홍콩은 중국이 아편전쟁에 패하면서 난징조약을 통해 영국에 통치권이 넘어갔다가 1997년 7월 1일 중국에 반환되었다.

영화 《중경삼림》에서 왕페이가 에스컬레이터를 오르내리며 양조위의 집을 훔쳐보던 장면을 기억하는가. 이 에스컬레이터가 바로 소호의 명물 '미드레벨 에스컬레이터'다. 이 에스컬레이터는 건물 내부가 아닌 길거리에 설치되어 있다. 어떻게 해서 홍콩 사람들은 옥외에 에스컬레이터를 설치했던 걸까.

우리나라만 해도 달동네 하면 못사는 사람들이 사는 지역으로 인식되어 있다. 하지만 근대기 영국인들은 홍콩 섬 해안에 상업지역을 일구면서 상대적으로 바람이 잘 통하고 시원한 고지대에 주택가를 건설했다. 세월이 흘러 홍콩사람들은 계단을 오르내리는 불편을 해소하기 위해 1993년 언덕길을 따라 옥외 에스컬레이터를 설치하기에 이르렀다. 실제로 방문해보면 단일 에스컬레이터가 아니라 20개 에스컬레이터가 800미터 길이로 연결된 것을 알 수 있다. 또한 직선로가 아니고 지형에 따라 조금씩 꺾이면서 상층부를 향하는 구조다. 에스컬레이터 연결지점에는 각 지역으로 이동할 수 있도록 통로가 형성되어 있는데 미드레벨 에스컬레이터는 상행운행이 기본이다. 밤 12시까지 운행하며 아침 출근시간대에만 시민을 위해 하행으로 운행된다. 한편 홍콩 섬 서쪽 지역인 사이잉푼에도 소호 것과 비슷한 미드레벨 에스컬레이터가 자리 잡고 있다.

홍콩 영화를 보면서 가장 인상 깊었던 것은 골목길에 나부끼던 빨래들이었다. 건물과 고층건물 사이 국수발처럼 너줄너줄

걸려 있던 빨래. 우리 관념으로 빨래는 아파트 베란다에 널어야 마땅하다.

홍콩인은 어떻게 대나무 장대에 빨래를 걸어 창문 너머에 내놓을 생각을 했을까. 그 이유는 홍콩을 방문해보고 알았다. 홍콩인은 세계에서 가장 작은 집에 산다. 2017년 통계에 의하면 홍콩 신축 아파트의 평균 면적은 32.89제곱미터(9.95평)였다. 땅값이 워낙 비싸다 보니 웬만한 중산층이라도 거실을 갖추며 산다는 게 쉬운 일이 아니니다. 집 안에 빨래를 널 공간이 없는 것은 당연지사. 창 밖 허공을 이용하게 된 것이다.

집이 좁다 보니 홍콩 사람들 대다수가 집 밖에서 하루를 보낸다. 안과 밖의 경계가 없다고 해야 하나. 도시 전체가 생활 공간이다. 맨발에 슬리퍼를 꿰고 나와 차찬텡에서 쌀국수, 토스트, 콘지, 달걀프라이, 밀크티로 된 아침 식사를 사 먹는 광경은 홍콩의 흔한 풍경이다. 길거리에 '난닝구'를 입고 돌아다니는 사람도 숱하다.

홍콩국제공항에 내려 시내로 접어들면 하늘을 찌를 듯 서 있는 초고층빌딩보다 곧 무너져 내릴 듯 허름한 아파트들이 먼저 눈에 들어온다. 여기저기 페인트칠이 벗겨지다 못해 외벽에는 검은 곰팡이가 줄줄 흘러내린다. 철제 난간은 다 녹슬어 금방이라도 부서져 내릴 것만 같다.

우리나라 같으면 당장 지자체에서 페인트를 사다가 말끔하게 발라버렸을 장면이다. 세계 많은 도시를 방문했지만 이토록 허름한 건물과 반짝반짝한 첨단 빌딩이 나란히 서 있는 기이한 광경을 본 적이 없다. 홍콩 땅값이 비싸다는 말을 누누이 들었기에 그 허름한 아파트의 가치가 정말 허름하지 않다는 것 정도는 알고 있었다. 그래서 더 기이했다.

약간의 보수공사만 하면 산뜻한 아파트로 다시 태어날 텐데 왜 그냥 둘까. 나중에 안 사실인데 홍콩 사람들은 외관이 너무 깨끗하면 집안으로 들어오는 복이 줄어든다고 생각한다고.

홍콩인은 내실을 중요하게 여긴다. 겉과 달리 내부는 꽤 으리

17直播
live

으리하다. 최대한 자연스러워 보이기 위해 노력을 기울인다고 해야 할까, 섬세하게 조직된 무심함이랄까, 변화를 싫어하는 태도랄까. 홍콩을 방문할 때마다 홍콩인의 가식 없음에 두손 두발 다 들게 된다.

한 번 방문한 도시를 또 가고 싶다는 생각이 드는 경우는 드문 일이 아니지만 실천하기는 어렵다. 하지만 홍콩은 예외다. 정신을 차리고 보면 또다시 홍콩에 있는 나를 발견하고는 한다.

나는 홍콩에서 자주 길을 잃는다. 그 골목이 그 골목 같기 때문이다. 하지만 걱정은 없다. 홍콩 섬 사이잉푼 역 C2 출구에 내려 바다로 흘러내리는 도로를 따라 걷노라면 낡은 아파트, 100년 된 맛집, 아기자기한 상점, 고층빌딩이 차례로 등장한다. 그리고 더 아래로 내려가면 어느 순간 눈이 환해지면서 푸른 물결이 출렁거리는 바다가 나타난다. 도시의 바다 빅토리아 하버다.

더 갈 데가 없다. 더 길을 잃을 수 없다. 바다 위에는 버건디 돛을 단 덕링Duk Ling이 유유히 떠가고, 내가 걸어온 곳을 돌아보면 까마득하게 높은 아파트에 흰 구름이 걸려 있다. 이토록 아름다운 도시의 숲이라니.

흔적은 그 자체로 기억이고 상처고 증거다. 장단역 기차가 마지막 숨을 토해 낸 것은 6·25전쟁이 일어나던 해인 1950년 12월 31일의 일이다. 밤 10시, 한해가 저물기 딱 두 시간 전이었다. 그날 경의선 장단역 기관차는 유엔군 수송본부의 명에 따라 개성에서 평양으로 이동하기로 되어 있었다. 6·25전쟁 당시 기관차들은 정해진 노선, 시간이 있는 것이 아니라 국군의 이동 경로를 따라 진군과 남하를 반복했다.

장단역 기차의 기관사는 한준기(당시 23세) 씨였는데 1927년 일본에서 태어나 경의선 기관사가 된 분이다. 원래 경의선은 서울에서 출발해 임진강 철교를 건너 신의주까지 오가던 열차였다.

그날 평양을 목표로 달리던 기차는 중공군이 내려온다는 소식에 황해도 평산도 한포역에서 후진을 결정했다. 저녁 7시 20분, 한준기 기관사는 25량의 화차를 견인해 한포역을 출발했고, 그날 밤 10시 장단역에 도착했다. 때마침 대기 명령이 떨어져 한준기 기관사는 화물칸을 살피기 위해 기관차에서 내렸다. 기관차에 무차별 총격이 시작된 것은 그 순간이었다. 북한군이 기차를 탈취하지 못하도록 연합군이 선수를 친 것이다. 기관차에 남아 있었더라면 한준기 씨도 살아남지 못했을 것.

장단역 기관차는 차체와 증기통에 온통 구멍이 뚫려 더 이상 운행이 불가능했다. 한준기 기관사는 장단역에 기관차를 버려둔 채 동료의 열차로 갈아타고 문산역으로 이동했다. 이동 중에 피난민들이 몰려와 화물칸 지붕에라도 태워달라고 간청했는데, 그들 중 상당수는 열차에서 추락해 목숨을 잃었다고 한다.

그날 이후 장단역 기차는 1020발의 총탄 자국을 몸에 새긴 채 경의선 장단역 플랫폼에 버려졌다. 한국전쟁이 끝나고 50년

이 넘도록 누구도 장단역 기차를 돌볼 생각을 하지 못했다. 파주시 장단리는 비무장지대였기에 민간인이 접근할 수 없었다. 무성한 풀숲에 둘러싸인 채 하루하루 낡아가던 장단역 기차.

21세기 들어 장단역 기차를 보존해야 한다는 목소리가 대두됐다. 2004년 드디어 장단역 증기기관차는 화통 부분을 보존처리하게 된다. 문화재청과 '1문화재 1지킴이' 협약을 맺은 포스코가 구조보강, 녹 제거, 보호제 코팅 작업을 맡았다. 2년 남짓 보존 처리를 거친 장단역 기차는 2009년 6월 25일을 기해 임진각 독개다리 입구에 북쪽을 향한 모습으로 자리를 잡았다.

참고로 장단역 기관차는 일본 가와사키사가 제작한 길이 15미터, 폭 3.5미터, 높이 4미터, 중량 80톤의 마운틴Mountain, 줄여서 마터2형 증기기관차로 최대 시속 80킬로미터까지 속력을 낼 수 있었으며, 북한의 험준한 산악지대를 오갈 수 있도록 특수 제작되었다.

참고 자료

참고 도서

1900년경 베를린의 유년시절, 베를린 연대기 : 발터 베냐민, 윤미애 역, 2007, 길
그들은 자기가 하는 일을 알지 못하나이다 : 슬라보예 지젝, 2007, 인간사랑
너에게 가려고 강을 만들었다: 안도현, 2004, 창비
로마인 이야기 10: 시오노 나나미, 2002, 한길사
맥주상식사전 : 멜리사 콜, 2017, 길벗
무라카미 하루키 수필집 3 : 무라카미 하루키, 2002, 백암
발터 베냐민과 메트로 폴리스 : 그램 질로크, 2005, 효형출판
발터 베냐민의 모스크바 일기 : 발터 베냐민, 2005, 그린비
발터 베냐민의 공부법 : 권용선, 2014, 역사비평사
백범 선생과 함께한 나날들 : 선우진, 2009, 푸른역사
붉은 방, 해변의 길손: 임철우 외, 1988, 문학사상
사랑의 기술 : 에리히 프롬, 2006, 문예
서울의 고궁 산책 : 허균, 2010, 새벽숲
섬 : 장 그르니에, 김화영 옮김, 1997년, 민음사
소설의 이론: 게오르크 루카치, 2007, 문예출판사
심리학, 사랑을 말하다 : 로버트 스턴버그 외, 2010, 21세기북스
아케이드 프로젝트 1, 2 : 발터 베냐민, 2005, 새물결
예루살렘의 아이히만 : 한나 아렌트, 김선욱 역, 2006, 한길사
오리진:세상 모든 것의 기원 3.화폐: 윤태호 외, 위즈덤하우스, 2018
원더박스 : 로먼 크르즈나릭, 2013, 원더박스
일방통행로 : 발터 베냐민, 2007, 새물결

조선왕조실록1 태조 : 이덕일, 2018, 다산초당
지배와 공간:식민지 도시 경성과 제국 일본: 김백영, 2009, 문학과지성사
차이와 타자 : 서동욱, 2002, 문학과지성사
철도여행의 역사: 볼프강 쉬벨부쉬, 박진희 옮김, 궁리, 1999
친절한 와인책 : 이정우, 2007, 태인문화사
향수: 정지용 시선집 : 정지용, 2015, 서울: 글로벌콘텐츠
혼인의 문화사 : 김원중, 2007, 휴머니스트

■ 참고 기사

"공포의 6국, 그 잔해를 보라": 한겨레, 2017. 8. 16
[애니칼럼] 인도적인 모피는 없다; 한국일보, 2016. 10. 26
〈쿠바인이 사는 법〉 60년된 '올드카' 나가신다 길을 비켜라, 연합뉴스, 2016, 4, 6
32개국 경유하는 '아시안 하이웨이' 한국이 주도한다, 한국건설신문, 2017. 6. 19
1020여 개 총탄자국 간직한 경의선 마지막 열차, 오마이뉴스, 2009. 6. 26

■ 사진

본문에 사용한 사진들은 임요희 작가가 직접 촬영한 것이거나 공유 사이트 픽사베이(https://pixabay.com)로부터 제공받은 것입니다.

TÜNEL